EPR 文献述评

[德] 克劳斯 · 基弗 (Claus Kiefer) 著
葛惟昆 王 伟 张朝晖 译

清華大學出版社
北 京

内 容 简 介

《阿尔伯特·爱因斯坦、鲍里斯·波多尔斯基、内森·罗森：可以认为量子力学对物理实在的描述是完备的吗?》为本书完整书名。文章于1935年发表，本身是关于量子物理的讨论，需要一定的物理和数学知识才能更深入地理解。然而，由于它的内容涉及哲学的范畴，我希望保持平衡，并在这种情形下使这个注释本尽可能易于理解，所以我在写作时，为更广大的读者群着想，这些读者未必对该文的数学方面感兴趣，而更关注它在认识论方面的意义。

本书也包括玻尔在1935年以同一标题发表的一篇文章，以及爱因斯坦在1948年发表于《辩证法》(*Dielectica*)杂志上一篇文章的译文。

北京市版权局著作权合同登记号 图字:01-2023-4733

First published in German under the title
Albert Einstein, Boris Podolsky, Nathan Rosen: Kann die quantenmechanische Beschreibung der physikalischen Realität als vollständig betrachtet werden?
edited by Claus Kiefer, edition: 1

图书在版编目(CIP)数据

EPR文献述评/(德)克劳斯·基弗著；葛惟昆，王伟，张朝晖译. —北京：清华大学出版社，2024.1
ISBN 978-7-302-64934-2

Ⅰ. ①E… Ⅱ. ①克… ②葛… ③王… ④张… Ⅲ. ①量子论—物理学史 Ⅳ. ①O413-09

中国国家版本馆CIP数据核字(2023)第225906号

责任编辑：朱红莲
封面设计：傅瑞学
责任校对：薄军霞
责任印制：刘海龙

出版发行：清华大学出版社
网　址：https://www.tup.com.cn，https://www.wqxuetang.com
地　址：北京清华大学学研大厦A座　**邮　编**：100084
社 总 机：010-83470000　**邮　购**：010-62786544
投稿与读者服务：010-62776969，c-service@tup.tsinghua.edu.cn
质量反馈：010-62772015，zhiliang@tup.tsinghua.edu.cn
印 装 者：大厂回族自治县彩虹印刷有限公司
经　销：全国新华书店
开　本：165mm×240mm　**印　张**：9.25　**字　数**：130千字
版　次：2024年1月第1版　**印　次**：2024年1月第1次印刷
定　价：35.00元

产品编号：101124-01

中文版序言

本书的全名为

《阿尔伯特·爱因斯坦、鲍里斯·波多尔斯基、内森·罗森。可以认为量子力学对物理实在的描述是完备的吗?》

主编:克劳斯·基弗。

顾名思义,本书以著名的EPR文章(或称EPR论文)为主题(EPR是这三位科学家姓氏的首字母的缩写)。1935年发表的EPR文章,影响重大而深远,虽然它的结论是不成立的。这一点,正是2022年诺贝尔物理学奖的成就。诺贝尔奖的颁发是基于:**在光子纠缠实验、贝尔不等式的颠覆和量子信息科学方面的开创性贡献**。而整个发展的源头,正是EPR文章。

此书原文为德文,于2015年出版,英文译本由Springer Nature Switzerland于2022年出版,可以说是恰逢其时,对理解当年诺贝尔物理学奖意义重大。该书包括

1935 年 EPR 文章的原文和同年玻尔以同一标题发表的反诘文章，以及大量的各种评述，因此对有志趣深究这一场世纪之争的读者非常有益，对所有物理学专业的研究生和研究者们也是非常有价值的参考书。

由于本书内容深奥，措辞既复杂又晦涩，在理解上有诸多困难，因此似乎有必要以序言的方式做一个梗概的介绍。

本书从时代背景开始，先介绍 EPR 文章本身，包括文章的全文，然后是物理学界对文章的反响和玻尔的文章，概述了这篇具有历史意义的文章的巨大影响，介绍了其后的进一步研讨和发展，并对未来寄予展望。

书的开端，介绍了三位作者合作的历史背景，以及他们之间其后的关系。EPR 文章的原始动力无疑来源于爱因斯坦。他是三位作者中最年长的，且在学术上高人一筹，与波多尔斯基和罗森有相当的距离。爱因斯坦在量子理论的初始阶段贡献卓著，并在 1925 年以后对量子之实际理论的发展予以强烈的关注和批评。量子理论的基本方程式经历了无数实验的考验，因此没有人怀疑它的正确和有效性。然而，对于如何诠释量子理论却难以形成共识，至少如同从对 EPR 文章大量的引用所反映出来的那样。究竟是什么，对其无可争议的公式会激起如此不安的感觉呢？我们将会看到，争论的焦点在于实体究竟是什么，或者我们希望实体是什么。

本书回顾了爱因斯坦对量子力学发展的卓越贡献。基于爱因斯坦对光电效应的开创性解释，光粒子在 1926 年被以**光子**之名引入物理学，已经成为现代物理学的核心概念之一。非常具有讽刺意义的一个妥协是，爱因斯坦在 1921 年被授予诺贝尔物理学奖(1922 年颁奖)主要是针对他的光量子假说而不是相对论理论。光量子假说正是**波粒二象性**的起源，一个充满探索精神的原理，并在量子理论的发展中起到非常关键的作用，也显著地影响了玻尔对 EPR 文章的态度。他们的争论至今仍是充满争议的话题。

当今被接受的量子力学公式基本上产生于 1925—1927 年。其发展之迅猛和创造性都异乎寻常。波函数在量子力学中具有最基本的意义，它在 EPR 文章的讨论中将起到核心的作用。根据马克斯・玻恩的建议，波函数一般被诠释为概率幅度函数。波函数的采用，对同时测量物理量，例如位置与动量，设立了一个基本的限制。海森堡于1927年在他著名的不确定关系（以前叫测不准关系）中表述了这种限制。这与EPR的工作相关。如果从原理上说，同时获知位置和动量的确定数值是不可能的，那么就无法对粒子的轨迹做时空描述，而这是爱因斯坦笃信不疑的。

众所周知，爱因斯坦和玻尔的世纪之争，就聚焦在对量子力学的诠释。玻尔和哥本哈根学派诠释在关于EPR文章的反响中占有重要地位；尤其是玻尔的**互补性**概念，正是他后来在答复EPR文章时提出的。后来人们在提及互补性时，一般是指在历史的波粒二象性的意义上，在描述一个量子对象时既作为粒子又作为波的互补性。

1927年的第五届索尔维会议云集了几乎所有物理学界的泰斗。爱因斯坦对概率密度$|\psi|^2$发表了两个观点：第一个观点就是这个量具有纯粹的统计意义，因此只能用于描述粒子的整体（“整体诠释”）。在EPR文章发表之后，爱因斯坦更偏向于这个诠释。他认为波函数的统计诠释与EPR的结论一致，即量子力学是不完备的。而借助于他所探求的统一场论，或如后来所做的寻找隐变量，来实现对**单个**过程的理解，可以使量子理论完备化。爱因斯坦的第二个观点是把波函数的诠释个体化。对他来说，只有这种诠释才能保证在基本过程中能量和动量的守恒。但爱因斯坦进一步指出，这不能解释为什么$|\psi|^2$可以局域于一个点（如在照相底版上）而不是像波那样出现许多点。从这种局域化，爱因斯坦看到了违背相对论的超距作用。

本书转载了EPR文章的全文。EPR文章在1935年3月25日投送给*Physical Review*，同年5月15日发表。除了引言以外，文章包括无标题的两章。在第一部分，作者声称假定的客观实体与通过物理理论所描述的是有区别的：

任何物理理论的严肃思考，都必须把独立于任何理论的客观实体，与理论所采用的物理概念之间的不同考虑在内。

爱因斯坦笃信物理实在的客观存在，但它与直接的观察未必一致，需要从现象看本质：

物理学致力于从概念上把握实在，并认为它独立于所被观测到的。

在这个意义上，我们说“物理实在”。它是人们对物理客体的主观映象。

EPR 文章第一部分的结论可以总结如下。

考虑两个命题：

P_1：以波函数描写物理实在是完备的。

P_2：当相应于两个物理量的算符不对易时，这两个物理量同时具有实在性。

EPR 文章的结论是，P_1 和 P_2 二者中必有其一是不成立的。就是说，或者以波函数来描写物理实体是不完备的，或者不对易的物理量不可能同时是物理实在。

在 EPR 文章的第二部分中，利用一个思想实验，他们考虑两个系统 Ⅰ 和 Ⅱ，在一段时间内相互发生作用，但随后分开。设想，例如一个粒子衰变成两个粒子飞向不同的方向，而且原则上可以相距任意远的距离。EPR 假设两个系统在一开始是被它们各自的态（各自的波函数）来描述，且这两个态是已知的。在相互作用之后只有一个（现在称之为纠缠的）结合了系统 Ⅰ 加 Ⅱ 的波函数。而这两个系统不再各自具有一个独立的态（波函数）。他们假定系统 Ⅱ 的波函数 ψ_k 和 ϕ_r 分别是非对易算符 P 和 Q 的本征函数，本征值分别为 p_k 和 q_r。

根据我们对物理实在的判据，在第一种情形物理量 P 是物理实在的一个要素，而在第二种情形，物理量 Q 是物理实在的一个要素。但是，如我们看到的，两个波函数 y_k 和 f_r 都属于这同一个物理实在。

EPR 文章就此得出结论。在第一部分，EPR 发现两个命题 P_1 和 P_2 没有一个是不成立的，即或者以波函数描述是不完备的，或者不对易的物理量不可能同时是物理实在。而在第二部分，他们却发现 $P_1 \Rightarrow P_2$，按照完备性的假定，会得出这样的结论：相应于不对易的算符对应于同时为客体的物理量。根据基本的逻辑规律，文章中两部分的发现只有在 P_1 和 P_2 都不成立，或者

P_1不成立而 P_2 是真实的条件下，才是正确的。由于 EPR 的实验首先已经(在可分性的假定下)证明 P_2 是正确的，P_1 必然不能成立；也就是说用波函数描述物理实体是不完备的。这是 EPR 文章最基本的结论。

由此，爱因斯坦得出量子理论不完备的结论，因为不同的波函数可以归属于同一局域的实在。而假定完备性是相应于承认“超距作用的假说，这个假说是很难被接受的”，对爱因斯坦而言也是与相对论不相容的。只是到了后来，爱因斯坦去世多年之后，与贝尔不等式相联系，才完全弄清楚了局域实在的假设不仅与量子理论的完备性相悖，而且也与可行的实验不符。想象如果爱因斯坦活着的话，他会作何反应。

本书进而全文引用了爱因斯坦在 1948 年发表的另一篇重要论文：《**量子力学与实在**》。爱因斯坦在文中郑重声明：“我想以一种基本的方式简要阐述，为什么我认为量子力学的方法在原理上不是令人满意的。但紧接着我要声明，我从来没有否定量子理论构成了重要的，甚至在一定意义上是最终的物理知识的进展。像光线光学被涵盖在波动光学中一样，我猜测量子力学也将成为以后发展的理论的一部分：基本关系依然成立，但对其理解会更加深入，甚至被更为全面的理论所取代。”他认为，假设 ψ 函数完备描述了一种真实的物理存在，而两个本质上不同的 ψ 函数则描述了两种不同的真实的物理存在，即使在赋予一个完整的测量时，它们可能给出相同的测量结果；测量结果的一致性在某种程度上归因于测量系统的部分未知的影响。

爱因斯坦的一个基本观念是局域性原理。一方面，他承认：物理学的概念是就一个真实的外部世界而言的，也就是说，思想被认为是“真实存在”的事物的反映，它独立于感知主体(身体、场等)。而另一方面，这些思想又与感官印象建立尽可能牢固的关系。他强调，这些物理事物在特定的时间是彼此独立存在的，亦即“位于空间的不同位置”。没有这样清晰的空间位置，人们也会不清楚如何建立和验证物理定律。他认为量子力学的解释与局域作用原理是不相容的；因而，如果在量子力学中，我们认为 ψ 函数(在原则上)是真实物理形态的完备描述，这也就隐含了远距离作用这一前提，但这个前提条件是很难被接受的。另一方面，如果我们认为 ψ 函数是对真实物理存在的不完备描述，那么很难相信这种不完备的描述方式经得起时间的检验。

可能连作者们自己都没有预见到他们 1935 年的这篇论文会对量子理论意义之争产生的影响。令人惊讶的是，它至今仍然对这场辩论产生着影响。这其中，玻尔的反诘文章无疑是历史上对 EPR 工作最重要的反应，因为许多物理学家认为玻尔是量子理论领域毋庸置疑的权威。玻尔对 EPR 文章感到非常震惊，他的反应也异常迅速，在 1935 年 10 月 15 日，就以与 EPR 同样的标题发表了他的论文，虽然篇幅不算长，但还是比他批评的 EPR 文章长了两页。玻尔的文章非常难懂，即使他同时代的物理学家也感到困惑。简而言之，文章引言中已经包含了玻尔认为至关重要的两点：EPR 的“物理实在判据”和玻尔提出的互补性概念。根据作者的观点，互补性的应用确保了量子力学描述的完备性。有人仔细分析了玻尔的论文，并指出了两个相互矛盾的声音。一个声音表达了玻尔在 EPR 文章之前的观点。根据这一观点，测量总是伴随着测量设备对被测系统的直接物理干扰。EPR 文章发表后这种观点无法维持，因为根据假设，第二个粒子不会受到干扰——至少不会受到力学干扰，正如玻尔在上述引文中所述。第二个声音表达了一种实证主义的态度。只有可以同时测量的东西才会同时具有实在性；没有独立于观察的客观实在。玻尔的余生坚持的正是第二个观点。实证主义描述中的互补性概念和描述测量仪器时经典概念的必要性构成了如今所称的哥本哈根学派诠释的核心。

非常值得注意的是波动力学之父埃尔温·薛定谔对 EPR 文章的回应，他在 1935 年和 1936 年发表了一系列文章，详细阐述了他对量子力学的观点。在其中一篇文章的脚注中，他公开承认：“这篇作品(EPR 文章)的出现激发了当下——我或许可以说是训示或普遍的反思?”

薛定谔在他的“反思”中介绍了一个概念，即现今被认为是量子理论的核心元素——纠缠。如果没有对纠缠系统性质的广泛讨论，像量子信息这样的现代研究领域是难以想象的。量子力学系统(如 EPR 文章中的两个粒子)之间的纠缠通常发生在这些系统相互作用的时候。组合系统构成统一的组合波函数，而不能表示为分别对应其中一个子系统的两个波函数的直积；即使子系统之间的距离远到无法进行信息交换，这一点也不会改变。根据薛定谔的说法，对一个量子力学系统最大程度的认知是由对其波函数 ψ 的认知获得的，对纠缠系统而言，波函数 ψ 指的是组合系统，而非子系统。EPR 文章发表后不久，薛定谔和爱因斯坦进行了频繁的书信交流。在这些信中，最值得注意的是，信里已经包含了那个众所周知的“猫”的例子，就是现在所称的薛定谔猫。薛定谔猫的状态是量子态的宏观叠加，表现出非经典的特点。而对于爱因斯坦来说，ψ 函数直接描述物理实在而超出了纯粹的统计描述，是不可想象的。

量子力学大师泡利和海森堡也对 EPR 文章做出强烈反响。就泡利而言，量子力学的诠释只是本科教学水平的问题。在信中，他从根本上抨击了 EPR 关于可分性的假设。因为，根据泡利的说法，只有当你处理一个非常特殊的态，即一个与子系统相关的直积态时，你才能假设这一点。因此，当你忽视这一点而去设想一个未测量系统的“隐藏属性”时，你会遇到矛盾，这并不奇怪。泡利鼓励海森堡发表文章对 EPR 文章进行反驳，以澄清这些问题。海森堡写了一篇手稿，标题是“量子力学可能是确定性完备的吗?”。这篇手稿在他身后才发表，这份手稿的标题已经突出了海森堡的意图，即专注于在 EPR 文章中起核心作用的观点：量子理论的不完备。他表明，这种确定性的完备是不可能的，即与量子力学实验上的成功相矛盾。海森堡强调波函数是在更高维度的位形空间中定义的，而观测是在空间和时间中发生的。因此，他追问道：“我们应该在什么地方切割出波函数描述和经典清晰描述之间的界线?”他的答案是：“量子力学对任意实验结果的预测与刚才讨论的切割位置无关。”因此，海森堡切割(后来命名)的位置在某种程度上是任意的。只是，切割位置必须远离待测系统，以避免与系统观测到的量子特性发生冲突，例如干涉。尔后海森堡批驳了隐变量假说。他认为，假设存在着隐变量，它描述了超越切割的时间演变。在切割之处，并且只有在那里，隐变量应该包含从波函数描述到统计描述的转换。海森堡说，这是不可能的，因为切割的位置是任意的。其实有人在海森堡之前就反对隐变量的概念,因为它们的存在会与观测到的量子力学干涉现象相矛盾。

本书全文转载了玻尔的文章,热心的读者可以尝试阅读,体验玻尔的风格。

在关于后期发展的介绍中,编者以很大篇幅讨论了玻姆的隐变量理论。玻姆把电子想象成本质上是经典的粒子,但以它为中心发出一种量子势场(quantum potential),这种势场弥漫在整个宇宙中,使之可以感知周围的环境。与测量仪器发生互动的就是这个势场,它带来电子本身的变化。然而,由于玻姆接受非局域性作为理论的一个基本方面,他从一开始就规避了 EPR 准则。直到贝尔推演出名垂千古的"贝尔不等式",才使得 EPR 准则有了实验判据,而这就是 2022 年三位实验物理学大师阿斯佩、克劳泽和塞林格划时代突破的出发点,他们以无可置疑的实验结果证伪了贝尔不等式。而如果这些不等式被违背,爱因斯坦的局域性假设就是错误的。

由局域实在性假设,爱因斯坦推断出量子理论的不完备性。贝尔(John Stewart Bell, 1928—1990)从这个假设中导出极具概括性的不等式,它却违背量子理论。那么,无论量子理论还是局域实在性假设,其正确与否都要通过实验来检验。实验结果明确支持量子理论。贝尔称 EPR 情形为悖论,可能指的是局域实在性概念和非局域量子理论之间的冲突。贝尔工作的重要意义恰恰在于,他将这一冲突带到了一个具体的、实验上可以验证的评判水准,并由其给出一个明确的定论。到目前为止,所有相关的实验都证实了量子力学,证伪了贝尔不等式以及局域性假设。贝尔指出,决定论问题对爱因斯坦来说是次要的,他主要关注的是局域实在性。

关于量子理论的一个重要的发展,是埃弗雷特(Hugh Everett,1930—1982)在约翰·惠勒(John Wheeler,1911—2008)指导下提出的量子理论的一种新的诠释,他称之为相对状态构想,后来被人称为"多世界诠释"或"埃弗雷特诠释"。在埃弗雷特诠释中,不存在 EPR 问题。如果我们将观察者包含在内形成更大的叠加态,那么这测量之两种可能的结果(如薛定谔的猫)以及它们对应的观察者版本在物理上以组合状态的形式存在。根据埃弗雷特诠释，经典世界中没有死猫和活猫的叠加，而是一个有死猫的世界和一个有活猫的世界的叠加。由于量子力学公式上的非局域性，爱因斯坦的局域性准则无法应用，EPR 关于量子力学不完整的结论也无法得出。

本书最后讨论了一个非常严肃的命题：量子力学的经典界限。量子理论中的测量问题其实是一个更普遍的问题的一部分：经典属性是如何以及何时形成的？这样的问题实际上是关于经典界限的问题，只是当你将一个特殊的角色归因于测量时，这一点是不会被注意到的。微观系统总是与环境自由度（如光子、散射分子等）相关联，因此不能描述成孤立系统。满足封闭假设的薛定谔方程只能应用于整个系统，只有从它对整个系统的解中才能得出子系统的行为。人们发现微观子系统通常表现出经典行为。系统与环境自由度的相互作用导致它与其环境的全局纠缠，使系统显得经典，这种机制称为**退相干**。

因为叠加原理成立，人们不应该期望研究的客体处于特定的局域状态。量子理论中的一般情况是局域态的叠加，也就是扩展态。理论计算表明，与环境自由度非常弱的耦合，足以使得微观客体退相干，即局域化。这种相互作用导致了与环境的纠缠，这种纠缠导致退相干。因此，纠缠不仅决定了系统的纯量子性质，也导致系统表现出经典的行为。所以说，微观客体本身并不具有经典性质。它们在多大程度上表现出经典特征，取决于它们与环境互动的细节。关于经典界限的理论考虑已经成为量子力学的常规问题。

这里回到了玻尔的“互补原理”。波粒“互补性”是量子理论的一个具有重要历史意义的原理，从将量子力学应用于实际情况和退相干过程来看，它是自然而然的。状态的基本概念是一般高维配置空间中的波函数，根据特定的交互情形，从中可以得出我们熟悉的三维空间中的类似粒子的，或者类似波动的性质。一旦出现退相干，就可以应用概率诠释。因此，退相干的动力学过程证明了理论的现象学诠释是合理的。没有退相干，概率诠释就没有意义。

然而，这种基于退相干的诠释也并非物理学界一致接受的观点。只有物理学的未来发展才能对这场辩论做出最终决定。

最后，在这里说明，本书的三位译者分别曾经或正在清华大学和北京大学从事实验物理教学和研究工作。这两所大学都设置了量子纠缠的实验课程。他们发现本书对深入了解量子纠缠的基本原理和相关实验与理论发展的来龙去脉非常有教益，兹决定将其译成中文。本书的出版得到清华大学和北京大学实验物理教学中心的大力赞助以及清华大学出版社的支持。译者对此和清华大学出版社朱红莲编辑的帮助深致谢意。由于本书物理艰深、文字繁复，加上译者水平有限，若有不当之处，请专家和读者批评指正。

葛惟昆

2023 年 5 月于泰康燕园

前言

2015年不仅是广义相对论诞生100周年，也是理论物理学最令人瞩目的一篇文章发表80周年，那就是阿尔伯特·爱因斯坦(Albert Einstein)、鲍里斯·波多尔斯基(Boris Podolsky)和内森·罗森(Nathan Rosen)(EPR)1935年发表的，在本书中述评的那篇大作。鉴于相对论已经纳入教科书，爱因斯坦的经典原著的引用反而不太多了，然而EPR文章依然在著名刊物如《物理评论》(*Physical Review*)中被相当频繁地引用。这表明EPR关于量子力学完备性的问题仍然备受关注。本书是对该文述评或加以注释的版本，详细记述EPR文章的历史背景和学界的反应，以及它对现代物理学研究，特别是仍然在讨论中的量子理论概念基础的重大影响。虽然尼尔·玻尔和其他学者最初忽视EPR文章，认为它无关紧要，而且是基于误解，但这篇巨作还是持续不断地引起波澜。事实证明，它绝对是一篇意义非凡的大作。

EPR 文章本身是关于量子物理的讨论，需要一定的物理和数学知识才能对其更深入地理解。然而，由于它的内容涉及哲学的范畴，我希望保持平衡，并在这种情形下使这个注释本尽可能易于理解。所以我在写作时，为更广大的读者群着想，这些读者未必对该文的数学方面感兴趣，而更关注它在认识论方面的意义。

本书也包括玻尔在同一年以同一标题发表的一篇文章，以及爱因斯坦在 1948 年发表于《辩证法》(*Dielectica*)杂志上一篇文章的译文。

我要感谢约根・卓斯特(Jürgen Jost)博士、教授邀请我撰写此书，并在写作过程中耐心陪伴我，给予我建设性的支持；还要感谢 Springer-Verlag 出版社给予的有效协助，感谢塞巴斯迪安・林登(Sebastian Linden)和安娜・凯瑟琳娜・胡德特(Anna Katharina Hudert)把本书出色地译成英语。最后，同样重要的，感谢 H. 迪特・泽赫(H. Dieter Zeh)、埃里克・胡斯(Erich Joos)和克劳斯・沃尔克特(Klaus Volkert)审阅德文原稿及有益的讨论。

克劳斯・基弗 (Claus Kiefer)

于德国，科隆

2020 年 2 月

目 录

1 背　　景

1934 年，三位物理学家聚集在美国普林斯顿，共同撰写一篇学术文章。该文于 1935 年发表，后来成为 20 世纪引用率最高的论文。这三位就是阿尔伯特·爱因斯坦(Albert Einstein，1879—1955)、鲍里斯·波多尔斯基(Boris Podolsky)和内森·罗森(Nathan Rosen)(本书用他们姓氏首字母的缩写 EPR 代替)。爱因斯坦那时已经因发展了他的相对论理论而世界闻名。由于不愿意留在纳粹统治下的德国，他在 1933 年 10 月加入普林斯顿新建立的高等研究院，在那里一直待到 1955 年逝世。鲍里斯·波多尔斯基 1896 年生于俄罗斯的塔甘罗格(作家安东·契诃夫也诞生在那里)，1913 年移民到美国。1928 年他在加州理工(Caltech)获得博士学位，并在 1933 年作为研究员加入普林斯顿高等研究院，后来又辗转于德国的莱比锡、乌克兰的哈尔科夫，再回到普林斯顿。在哈尔科夫，他与弗拉基米尔·福克和保罗·狄拉克一起，研究那时刚刚起步的量子电动力学。狄拉克是量子力学的先驱者之一，当时正在乌克兰游学。

波多尔斯基和爱因斯坦在后者早期访问美国时就相识了。爱因斯坦对美国的第一次访问主要是去加州理工。那是在 1930 年 12 月到 1931 年 3 月，应物理学家理查德·托尔曼之邀,托尔曼对相对论理论贡献卓著。在那段时间,托尔曼、波多尔斯基和从荷兰来访的保罗·埃伦费斯特(1880—1933)正在从事一项关于广义相对论应用的工作,即光所产生的重力场[156]。他们在 1931 年 1 月把这项工作成果发表了。爱因斯坦对美国的第二次访问,从 1931 年 12 月到 1932 年 3 月初,也主要是在加州理工。这一次他与波多尔斯基合作,其结果写成为一篇关于量子理论的两页的文章[67],由爱因斯坦、托尔曼和波多尔斯基署名。然而,后来爱因斯坦的传记作者阿布拉罕认为这件工作不够成功[122,p. 494]。

第三位物理学家内森·罗森于 1909 年生于纽约。他在 1932 年从麻省理工(MIT)取得博士学位以后,于 1934 年加入了普林斯顿大学。他的工作是在原子和分子物理领域,但同时他对相对论也很感兴趣,并发表了一篇关于爱因斯坦极力推动的引力与电磁力统一理论的文章。所以罗森在普林斯顿拜访爱因斯坦寻求在这个问题上的指教,这并不奇怪。马克斯·杰莫在他关于量子力学的著名著作中,描述了罗森对爱因斯坦与他讨论他的工作时的友善感到很惊讶[98,p. 181]。第二天,当他们在高等研究院的院落里再次相遇时,爱因斯坦问罗森:“年轻人,与我一起工作如何?”

这就是爱因斯坦、波多尔斯基和罗森合作形成历史上 EPR 的个人背景。而科学背景则要错综复杂得多了,需要追溯到 20 世纪初。普朗克 1900 年和爱因斯坦 1905 年分别发表的文章,悄悄地启动了后来在 1925—1927 年形成的量子理论,也正是爱因斯坦、波多尔斯基和罗森在 1934—1935 年在普林斯顿仍极力尝试诠释的理论。

从来没有一个理论像量子理论这样改变了我们对物理世界的认知。除了引力不能涵盖之外,量子理论对所有的相互作用,从宏观物体到微观粒子,例如在瑞士日内瓦的粒子加速器 LHC 上探索的粒子,都可以给出成功的描述。量子理论的基本方程式经历了无数实验的考验,因此没有人怀疑它的正确和有效性。然而,对于如何诠释量子理论,却难以形成共识,至少如同从对 EPR 文章大量的引用所反映出来的那样。究竟是什么,对其无可争议的公式会激起如此不安的感觉呢？我们将会看到，争论的焦点在于客体究竟是什么，或者我们希望客体是什么？

EPR文章的原始动力无疑来源于爱因斯坦。他在三位作者中最年长，且在学术上高人一筹，与波多尔斯基和罗森有相当的距离。他在量子理论的初始阶段贡献卓著，并在1925年以后对量子之实际理论的发展予以强烈的关注和批评。我们会看到，在爱因斯坦的工作中，从1925年到EPR，乃至此后，量子理论都是一个不间断的主题。但爱因斯坦在发展自己的理论时，也得益于与同事们的批判性探讨，所以没有波多尔斯基和罗森，就不会有这篇EPR文章，至少不会是目前这种形式。

1.1 爱因斯坦对早期量子理论的贡献

爱因斯坦与量子理论的关联大约缘起于三位物理学家相聚于普林斯顿的30年前。鉴于很难找到一份讲学或科研的职业，爱因斯坦在1902年作为一名专利审核员加入了伯尔尼的联邦知识产权局（瑞士专利局）。此后是一段无论个人生活还是科学事业都布满荆棘的岁月。1903年年初，他与他的同学米列娃·玛利克结婚。那时他们已经有了一个女儿丽瑟尔，是一年前米列娃在她故乡塞尔维亚的诺维赛德生下的。爱因斯坦从未见过他的女儿，她的命运也不为人知。1904年5月，爱因斯坦和米列娃的第一个儿子汉斯·阿尔伯特在伯尔尼出生[①]。尽管个人生活杂乱，还有专利局每周48小时的工作，爱因斯坦仍充满活力地投身于科学研究。在1905年他至少发表了五篇杰出的论文，每一篇都青史留名[②]。1905年经常被称为爱因斯坦的**奇迹之年**，就好像牛顿奠基了他的引力理论的**奇迹之年**是1664—1666年。在1905年的五篇文章中，最相关的是关于光量子假说的那一篇。这是自普朗克在1900年和1901

① 很值得去阅读福尔兴(Fölsing[74])关于爱因斯坦生活的细节记述。

② 请参考，例如Stachel[153]或Kiefer[104].

年奠基性文章之后在量子理论方面的第一个重要的贡献，也是爱因斯坦自己认为是革命性工作的唯一一篇。在 1905 年 5 月给康莱德 · 哈比什的信中①，爱因斯坦写道(见爱因斯坦文集第Ⅴ卷，文件 27)：

我答应回复你四篇文章，第一篇可能很快发给你……。这篇文章处理辐射以及光的能量特性，你会看到，它非常具有革命性……。②

为什么这篇文章如此具有革命性？爱因斯坦一开始就表达了在对自然的描述中明显的不协调的不安：连续量和分立量之同时出现。电磁场强度是连续函数，且被麦克斯韦方程组很好地描述。而由有限数量原子组成的物质，在本性上是分立的。爱因斯坦文章的第一行是这样写的[51，p. 132]：

在物理学家关于气体和其他有重量之物体的理论概念，和麦克斯韦在所谓空的空间的电磁过程的理论之间，存在着深刻的形式上的矛盾。我们认为物体的状态由非常大量然而有限的原子和电子之位置和速度所确定，但却用连续的空间函数来确定空间中的电磁态……。③

场与物质的差异使他倾注了毕生的精力。后来爱因斯坦致力于构建统一场论，也主要是由消除这个差异的期望所驱动。在 1905 年的文章中，他引进

---

① 哈比什(Habicht)、爱因斯坦，和罗马尼亚出生的莫里斯 · 索罗文在伯尔尼定期会晤，非正式地辩论物理和哲学，自称为"学术奥林匹克"。福尔兴(Fölsing[74，p. 99])在他的阿尔伯特 · 爱因斯坦传记中写道："他们三位定期在傍晚简单地聚餐，包括香肠、格鲁耶尔干酪、一点水果、蜂蜜和茶。而这些，根据索罗文的回忆，已经足够让他们'洋溢着欢乐'。"

② 原著引用的为德文(中文译者注)：

"Ich verspreche Ihnen vier Arbeiten dafür, von denen ich die erste in Bälde schicken könnte[...]. Sie handelt über die Strahlung und die energetischen Eigenschaften des Lichtes und ist sehr revolutionär, wie Sie sehen werden[...]."

③ 原著引用的为德文：

"Zwischen den theoretischen Vorstellungen, welche sich die Physiker über die Gase und andere ponderable Körper gebildet haben, und der Maxwellschen Theorie der elektromagnetischen Prozesse im sogenannten leeren Raume besteht ein tiefgreifender formaler Unterschied. Während wir uns nämlich den Zustand eines Körpers durch die Lagen und Geschwindigkeiten einer zwar sehr großen, jedoch endlichen Anzahl von Atomen und Elektronen für vollkommen bestimmt ansehen, bedienen wir uns zur Bestimmung des elektromagnetischen Zustandes eines Raumes kontinuierlicher räumlicher Funktionen[...]."

了探究性的观点[1]，即不仅物质的能量，而且电磁辐射的能量也应该是不连续分布的。这种假设给予了爱因斯坦更好地解释某些观测的方式，包括黑体辐射和光电效应，即紫外光照射金属导致发射电子。爱因斯坦写道[51，p. 133]：

确实，似乎对我来说，如果假定光的能量是在空间中不连续地分布的话，这些观测……可以更好地理解。根据这个假设，当光线从一个点发散于空间中时，能量并非连续地分布在扩展的空间中，而是由局域于空间诸点的有限数量的能量量子所组成，且在运动中并不分解，而是作为整体被吸收或产生。[2]

该文中爱因斯坦引用的普朗克关于能量量子一词在后来的量子理论中被采用。爱因斯坦当然从1900年就知晓普朗克的先驱性工作；从他给米列娃的信中可以知道他从1901年就开始探索这个课题。1900年12月14日在德国物理学会(*Deutsche Physikalische Gesellschaft*)的那次非常著名的演讲中，普朗克推导了黑体辐射的公式[3]。黑体辐射是一个完全封闭、腔壁维持在恒温 T 之腔体的电磁辐射。追溯到1859年，被阿布拉罕·派斯称为量子理论之祖父的德国物理学家古斯塔夫·罗伯特·基尔霍夫已经得出结论，即黑体辐射[4]可以用一个依赖于温度 T 和辐射频率 ν，而与具体材料无关的能量密度函数 $\rho(\nu, T)$ 来描述。留给后来的物理学家的任务只有一个，就是找出这

---

① 如文章标题所提示的。探究性观点是一个工作假说，或初步假设；牛津字典定义"探索性"为"使一个人能靠自身来发现或学习，而不是在被指导下"。这是从希腊文 *heuriskein* 演变而来，意思是"发现"。回顾一下阿基米德如何揭发一个把银子掺入本应是纯金的皇冠的狡诈的金匠的故事。传说他利用现在以他的名字命名的原理，在洗澡时发现了真相，并大叫"我发现了！"。

② 德文原文为"Es scheint mir nun in der Tat，daß die Beobachtungen[...] besser verständlich erscheinen unter der Annahme，daß die Energie des Lichtes diskontinuierlich im Raume verteilt sei. Nach der hier ins Auge zu fassenden Annahme ist bei Ausbreitung eines von einem Punkte ausgehenden Lichtstrahles die Energie nicht kontinuierlich auf größer und größer werdende Räume verteilt，sondern es besteht dieselbe aus einer endlichen Zahl von in Raumpunkten lokalisierten Energiequanten welche sich bewegen，ohne sich zu teilen und nur als Ganze absorbiert und erzeugt werden können."。

③ 关于普朗克的发现的故事广为传播，例如吉力尼(Giulini)的描述[78]就非常可读。

④ 黑体辐射是以所有可能的频率的能量分布，叫作能谱，来表征的。

个能量密度函数——而这似乎是一个非常困难而漫长的任务。普朗克自己也致力于此。求出这个函数，意味着放弃一些对于他很有价值的信念，并远离他先前研究领域中很有意义的一部分。他别无选择地在他的能量函数里采纳了他在维也纳的同事和对手路德维希·玻耳兹曼建立的统计规律。其实普朗克曾经对原子论持普遍的怀疑态度，而且认为统计学在物理学理论中没有什么意义。现在他被迫完全重整他的观点。普朗克利用简单的振子(谐振子)来模拟腔体壁的行为。这是合理的，因为辐射与壁的材质无关，而这样可以简化计算。他绕了一个弯子，在计算中采用熵。普朗克知道辐射能与谐振器的平均能相关，但是不了解谐振器的能量形式。他所做的就是计算谐振器的熵，即采用玻耳兹曼关于熵的定义：熵是相应于一个宏观态之实际微观态的数目。在这个具体情形中，需要把总能量 E 分配到单个振子。连续分布的能量会导致实际微观态的数目为无穷大。这显然是荒谬的。普朗克采取了一种探究的方法，提出存在一个最小能量值的假说，从而达到了有限的实际微观态数目。他的演讲的关键部分是[133，p. 239]：

如果 E 被认为是一个连续可分的量，这个分布就会有无穷多种方式。但是，如果——注意这是整个计算中最关键的部分——E 是由非常不确定数量的相同部分组成的，并引入一个自然常数 $h=6.55\times10^{-34}$ J·s。这个常数乘以谐振子共同的频率 ν，就给出以焦耳(J)为单位的能量单元 ε，而用 E 去除 ε，就得到能量单元的个数 P，它还必须被分配到 N 个谐振子中①。

这就是爱因斯坦在 1905 年首先引用的能量量子，

① 德文原文为“Wenn E als unbeschränkt teilbare Grösse angesehen wird, ist die Verteilung auf unendlich viele Arten möglich. Wir betrachten aber-und dies ist der wesentlichste Punkt der ganzen Berechnung-E als zusammengesetzt aus einer ganz bestimmten Anzahl endlicher gleicher Teile und bedienen uns dazu der Naturconstanten $h = 6.55\times10^{-27}$ [erg × sec]. Diese Constante mit der gemeinsamen Schwingungszahl ν der Resonatoren multiplicirt ergiebt das Energieelement ε in erg, und durch Division von E durch erhalten wir die Anzahl P der Energieelemente, welche unter die N Resonatoren zu verteilen sind.”。

$$\varepsilon = h\nu \tag{1.1}$$

为纪念普朗克的工作，h 后来被称为普朗克常量。基于上述考虑，普朗克进而引入关于黑体辐射的著名的能量密度公式。

虽然爱因斯坦在 1905 年的文章中提到了普朗克公式，他还是遵循一种完全独立的思路，得到光的量子假说。他从维恩的辐射定律出发，把腔体内的辐射看成在温度 T 处于平衡态的带电谐振子。维恩定律虽然不适合于所有频率，但在高频端与观测的能量密度非常吻合。他发现维恩定律中的熵与理想气体的熵具有相同的形式。进而他证明了这个熵可以用玻耳兹曼的统计规律来解释。事实上，在应用玻耳兹曼方程时，辐射熵可以直接作为由能量为 ε 的粒子所构成的气体的熵来计算。爱因斯坦由此得出结论[51，p. 143]：

低密度的单色辐射（在维恩辐射公式成立的范围内）的行为符合热力学定律，即可看成是相互独立的大小为 $h\nu$ 的能量量子的集合。①

爱因斯坦此后把他的光量子的假说应用于光与物质的相互作用，显示了这个假说可以如何优美地解释光电效应。这篇文章特别突出地展示了爱因斯坦的创造天才②。随后在 1906 年的一篇文章中，爱因斯坦给予了普朗克清楚的历史地位。他说明了普朗克如何在他的推导中隐含地采用了光量子假说，即谐振子的能量是 $h\nu$ 的倍数。

爱因斯坦写道[52，p. 203]：

在我看来，上面的考虑完全没有推翻普朗克的辐射理论：实际上，这些结果对我来说恰恰表明了在普朗克先生的辐射理论中，给物理学引入了一个崭

---

① 德文原文为"Monochromatische Strahlung von geringer Dichte（innerhalb des Gültigkeitsbereiches der WIENschen Strahlungsformel）verhält sich in wärmetheoretischer Beziehung so，wie wenn sie aus voneinander unabhängigen Energiequanten von der Größe $h\nu$ bestünde."。爱因斯坦没有用 $h\nu$ 而是采用了等价的表示 $R\beta\nu/N$。还要指出，这些互相独立的能量量子当时还没有被称为后来的名字：光子，它们遵从玻色-爱因斯坦统计；不是相互独立的。

② 所有人都同意，天才与模仿的精神是决然对立的（康德，判断力批判，第 47 节）："Darin ist jedermann einig，daß Genie dem *Nachahmungsgeiste* gänzlich entgegenzusetzen sei."。

新的假说的要素：关于光量子的假说。①

而当时普朗克并不愿意接受这个假说；至少在非相互作用的情形，因为他从未质疑建立在连续变量基础上的麦克斯韦方程组。在拒绝光量子假说的问题上，普朗克绝对不是孤立的——物理学家的大多数都有类似的反应。究其原因，当然是由于这个假说与麦克斯韦方程组的不相容。麦克斯韦方程组正确地描述了无数现象，物理学家对它高度信任。而且，难道波的干涉现象，不是与光是由粒子组成的描述相冲突？爱因斯坦自己也非常清楚，这就是为什么他在上面的信中，认为自己的文章是"非常革命性的"。当然，他从未怀疑麦克斯韦方程组在宏观领域（非常满意地）提供了可靠的近似。而事实上，正是这种可靠的近似，对于他在同一年发展的狭义相对论理论至关重要。

又经历若干年的岁月，光量子的假说才被普遍接受。美国物理学家罗伯特·密里根（Robert Millikan）在 1916 年得以用极高的精度测量光电效应中的电子电荷，他的结果证实了爱因斯坦的假说。但直到 1923 年阿瑟·康普顿（Arthur Compton）之后来以其名字命名的实验，才最终使得对光量子的批评烟消云散。康普顿效应波长增大的波的现象，即光和电子的散射，只能以光的分立性质来解释。在 1924 年作为最后一次否定光量子假说的企图，玻尔（Bohr）、克莱默斯（Kramers）和斯雷特（Slater）甚至试图在微观领域允许违背能量守恒定律——这当然很快被清楚地证明是徒劳的。光粒子，1926 年被以**光子**之名引入物理学，已经成为现代物理学的核心概念之一。非常具有讽刺意义的一个妥协，是爱因斯坦被授予 1921 年诺贝尔奖（1922 年颁奖）主要是针对他的光量子假说而不是相对论理论。

爱因斯坦在 1909 年明确指出，解释所有光学现象都用经典理论是不适当的，无论是波动说还是粒子说。在"**关于辐射物体的现状**"一文中，他计算了黑

---

① 德文原文为"Die vorstehenden Überlegungen widerlegen nach meiner Meinung durchaus nicht die Plancksche Theorie der Strahlung; sie scheinen mir vielmehr zu zeigen, daß Hr. Planck in seiner Strahlungstheorie ein neues hypothetisches Element-die Lichtquantenhypothese-in die Physik eingeführt hat."。

体辐射在一个小体积 V 和一个小的频率间隔 ν 与 $\nu+\Delta\nu$ 之间的涨落，发现

$$(\Delta E)^2 = h\nu E + \frac{c^3}{8\pi\nu^2\Delta\nu}\frac{E^2}{V} \tag{1.2}$$

其中，E 是在该体积和频率间隔内的能量，c 是光速。公式右边的第一项是存在能量为 $h\nu$ 的光量子的直接后果，它相应于粒子观，第二项是经典电动力学(麦克斯韦方程组)的预言，它相应于波动观。两者都需要，才能得到正确的结果。这正是**波粒二象性**的起源，一个充满探索精神的原理，并在量子理论的发展中起到非常关键的作用，也显著地影响了玻尔对 1935 年 EPR 工作的态度，而且至今仍是充满争议的话题①。

在 1900—1925 年的"旧量子论"时代，爱因斯坦完成了若干更有影响的关于量子论的文章。但这些文章对于我们要讨论的 EPR 文章关系不大。早在 1907 年，为了计算固体的比热，爱因斯坦就考虑过固体中振子能量的量子化。在低温下，他计算的结果与经典物理中采用杜隆-帕帖(Dulong-Petit)定律所得的结果大相径庭。这种差别在 1911 年被瓦尔特·能斯特(Walther Nernst)的实验所证实。能斯特写道："毫无疑问，整个观测对普朗克和爱因斯坦的量子理论是一个明显的佐证。"②进一步的文章包括一篇通过考虑原子对光的发射和吸收而对普朗克辐射公式的另一种推导(1917)，一个关于普遍性量子化条件的讨论(1917)，以及一个关于玻色子，即具有整数自旋值的粒子、后来称为玻色-爱因斯坦统计的推导的贡献(1924—1925)。这些工作被派斯(Pais)[122]和泡利(Pauli)[126]等介绍过。如丹·霍华德(Don Howard)所指出的，爱因斯坦对玻色-爱因斯坦统计的贡献，对他后来对量子理论的总的认识具有重大影响。这个统计的成立，毫无疑问地肯定了光子(以及任何"粒子"或分子)都不是经典粒子；因为它们在统计上是不独立的。③ 在爱

① 关于波粒二象性和它在整个量子理论中的境遇，参看 Zeh[180]。

② 译自 Stachel[153, p. 196]。

③ 爱因斯坦在 1925 年 2 月写信给薛定谔："根据玻色的理论，分子相对更频繁地处在一起而不是如一些假说认为的，它们在统计上互相独立。"(The Collected Papers of Albert Einstein vol. 14, Doc. 447.)

因斯坦关于这个统计的第二篇文章中，他写道：

很容易看出，在这种计算方法中，容器中的分子的分布没有被处理为统计上相互独立的……。因而这个公式间接地表述了关于一个本来完全茫然无知的分子间相互影响的假说。①

提到“完全茫然无知”，极为可能是第一个对量子力学公式中所包含的超距作用的启示。EPR 文章就是要排除超距作用。事实上，在这个意义上谈论超距作用只针对（可区分的）粒子间而不适于波包，如同爱因斯坦 1925 年处理的情形。不然的话，为了避免超距作用，他就必须认为光子其实不是粒子，而是（如普朗克所建议的）场的能量量子，其状态不受排列的影响。

1925 年以后，爱因斯坦没有再正式参与量子理论发展的研究，而是以概念性的批判来伴随其发展。这种批判或者可以说就是源于他关于玻色-爱因斯坦统计的工作。

我们愿意关注一下爱因斯坦曾经致力的引力与量子论之关系的工作来结束本节。在 1915 年完成了广义相对论的理论以后，爱因斯坦很快（于 1916 年）意识到，这个理论所允许的引力波的存在，十分类似于电磁波。在原子的经典模型中，电子围绕核运动，而电磁波的发射会导致不稳定，电子会由于丢失发射的能量而掉落到核上。量子理论修正了经典模型，排除了这种不稳定性。爱因斯坦关于这个问题的论述如下：

然而，由于原子内部的电子运动，原子不仅会辐射电磁波，同时也会放出引力能量，即使量很小。由于这在自然界中极少出现，似乎量子理论应该修正的不仅是麦克斯韦电动力学，而且还有新的引力理论。②

---

① 德文原文是“Daß bei dieser Rechnungsweise die Verteilung der Moleküle unter die Zellen nicht als eine statistisch unabhängige behandelt ist, ist leicht einzusehen[...]. Die Formel drückt also indirekt eine gewisse Hypothese über eine gegenseitige Beeinflflussung der Moleküle von vorläufifig ganz rätselhafter Art aus[...]”[55, p. 6]。

② 德文原文为“Gleichwohl müßten die Atome zufolge der inneratomischen Elektronenbewegung nicht nur elektromagnetische, sondern auch Gravitationsenergie ausstrahlen, wenn auch in winzigem Betrage. Da dies in Wahrheit in der Natur nicht zutreffen dürfte, so scheint es, daß die Quantentheorie nicht nur die Maxwellsche Elektrodynamik, sondern auch die neue Gravitationstheorie wird odifizieren müssen.”[54, p. 696]。

这是史载第一份提出需要量子引力理论的文献，见第 6 章。

1.2 1935 年之前对量子理论的诠释

当今被接受的量子力学公式基本上产生于 1925—1927 年。其发展之迅猛和创造性都异乎寻常。除了马克斯·玻恩(Max Born)和埃尔文·薛定谔(Erwin Schrödinger)两位大师之外，一批非常年轻的物理学家，如瓦尔纳·海森堡(Werner Heisenberg)、沃尔夫冈·泡利(Wolfgang Pauli)、保罗·狄拉克(Paul Dirac)和帕斯库尔·约当(Pascual Jordan)等都是主要的推动力。

量子力学的第一个版本，被称为矩阵力学，这是相当抽象的理论。于是奥地利物理学家埃尔文·薛定谔就推出了另一种很快被证明与矩阵力学完全等价的形式。1923 年，法国物理学家路易斯·德布罗意(Louis de Broglie)把普朗克和爱因斯坦的量子假说推广到所有形式的物质。根据德布罗意的理论，每个粒子都有相应于它的一个特定的频率和波长，也叫德布罗意波长。频率 ν 与粒子能量的关系如式(1.1)所示；而德布罗意波长与粒子动量 p 的关系为

$$p=\frac{h}{\lambda} \tag{1.3}$$

薛定谔在苏黎世作了关于德布罗意工作的报告以后，开始探求一个德布罗意物质波遵从的公式。1925/1926 年在瑞士阿尔卑斯山与一位迄今不知姓名的情人共度寒假时，他成功地发现了这个公式。这是 20 世纪最著名的公式，以他的发现者命名为薛定谔方程。薛定谔方程的形式为

$$\mathrm{i}\,\hbar\frac{\partial\psi}{\partial t}=\mathrm{H}\psi \tag{1.4}$$

公式的左边，有一个虚数单位 i，和现在通用的普朗克常量的约化形式 $\hbar=h/2\pi$，以及波函数 ψ 对时间 t 的偏微分。波函数可以用于描述任何在原子尺度的“粒子”。公式的右边有算符 H 作用到波函数上；H 称为哈密顿算符，或简称

哈密顿,是经典物理中能量的量子力学对应。

式(1.4)中的波函数在 EPR 文章的讨论中将起到核心的作用。波函数一般并非描述在通常的三维空间中的波,而是定义在维度更高的位形空间中。只在一个孤立粒子的情形下,这个空间是三维的,两个粒子则是六维的,三个粒子是九维的,等等。一个量子对象在通常空间中,更像一个粒子还是一个波,可以从它在位形空间中的波函数 ψ 推导出来,见 5.4 节。例如,“粒子”可以被描述为狭窄的波包。

自 1926 年马克斯·玻恩的建议以后,波函数一般被诠释为概率幅度函数。当“测量”一个经典的量,比如位置或动量时,ψ 的绝对值平方是在一个给定区间内得到测量值的概率。如何定义测量,以及它与其他相互作用有什么区别,是在如何诠释量子理论的一切讨论中的要点。波函数的采用,对同时测量物理量,例如位置与动量,设立了一个基本的限制。海森堡于 1927 年在他著名的不确定关系(以前叫测不准关系)中表述了这种限制。这与 EPR 的工作相关。

在量子理论及其发展历史中发挥了独特作用的还有丹麦物理学家尼尔斯·玻尔(Niels Bohr)。他对量子理论的贡献限于所谓“旧量子论”。“旧量子论”指的是 1925 年之前的发展,主要是由探索原子现象的持之以恒,且经验上成功之理论的勇敢探索和伟大的先驱精神所推动。除了上述普朗克和爱因斯坦的开创性工作外,这个时期是以阿诺德·索末菲(Arnold Sommerfeld),路易斯·德布罗意,特别是尼尔斯·玻尔①的贡献为标志。

玻尔因其 1913 年在英国《哲学杂志(*Philosophical Magazine*)》上发表的三部曲大作而赢得声誉。在 1911 年获得博士学位以后,玻尔在曼彻斯特与欧内斯特·卢瑟福一起工作,后者一项划时代的伟大工作,揭示了原子中的电子是围绕一个带正电的准点状的核运动。按照经典电动力学,电子应该沿圆周轨道运动,因此辐射电磁波,并损失能量从而跌落到核上——因此在经典物

① 詹莫(Jammer[97])提供了关于“旧量子论”历史发展的非常充分和丰富的综述。

理中物质保持稳定是一个不解之谜。为了维持原子的稳定,玻尔特意提出原子中电子具有分立能级。玻尔的模型允许电子从一个能级到另一个能级的跃迁("量子跳跃"),指出从一个较高的能级 E_2 到一个较低的能级 E_1 的跃迁,会发射一个遵从普朗克公式(1.1)的光量子,即

$$E_2 - E_1 = h\nu$$

特别值得注意的是,最低能量是个稳定态(基态),从那里不可能发射光量子。爱因斯坦在 1917 年推导普朗克的辐射公式时,充分利用了玻尔的思想。

玻尔模型也基于一种探究。虽然它很好地描述了氢原子的光谱,但要用于更复杂的原子还有局限性。玻尔的思想包括了对后来被他称为**对应原理**(corresponding principle[30,97])的探索。其意思是旧量子论的模型应该有经典物理的对应,使经典方程也被包容作为一种极限。这应该是很显然的,因为我们知道经典物理学在其应用范围内是成立的。完全量子理论的经典极限的推导见 5.4 节。至于在旧量子论中已经出现的概率,玻尔后来写道[29]:

关于估量这种概率的唯一指引是所谓的对应原理,对应原理起源于探求原子过程的统计意义和经典理论所期待的后果之间最紧密的可能的关联……。

玻尔对 1925—1927 年量子理论的发展没有贡献。但他在量子理论的哥本哈根学派诠释的发展中居重要地位。这个名称来自这个事实,即玻尔和海森堡在玻尔的家乡哥本哈根学派多次辩论量子力学的诠释问题。玻尔和哥本哈根学派诠释在关于 EPR 文章的反响中占有重要地位;尤其是玻尔的**互补性**概念,正是他后来在答复 EPR 文章时提出的。这个概念包括什么,又与量子理论的发展有怎样的关系呢?

根据詹莫的记载(Jammer[98],p. 91),玻尔关于**互补性**的想法可以追溯到 1926 年秋天。1927 年 9 月 16 日,他在科莫(Como,意大利北部城市)公布于众。当时他正参加众多物理学界名流纪念生于科莫的亚历山大·伏特(Alessandro Volta,他也葬于科莫)逝世 100 周年的聚会。马克斯·玻恩、路易斯·德布罗意、瓦尔纳·海森堡、沃尔夫冈·泡利、马克斯·普朗克以及阿诺德·索末菲都出席了。在对量子理论做出杰出贡献的人物中,只有爱因斯

坦和埃伦法斯特缺席。

玻尔在科莫的演讲内容后来在 1928 年 4 月 14 日《自然》增刊上发表①。玻尔在他的引言中表明了他的初衷，在于帮忙“协调在此问题上如此分歧的不同观点”。当然他指的就是矩阵力学的支持者们，主要是海森堡、泡利和玻恩，与波动力学的发明者薛定谔之间的尖锐对立。玻尔的演讲从他表述了在量子理论中经典概念之基本局限性的“量子公设”的定义开始[26，p. 580]：

……似乎，如我们将看到的，（量子理论）之精髓可以表示为所谓的量子公设，它赋予任何原子过程基本的不连续性，或者说个体性，与经典理论完全不同，并以普朗克的作用量子为标志。

这个公设意味着对因果时空和原子过程之协调的一种放弃。

玻尔所说的放弃指的是什么呢？玻尔说，只要一个量子系统未被观测，由于量子公设对不连续性的要求，以空间和时间来描述就失去了意义。这里玻尔的思想仍囿于他关于原子和电子之分立的跃迁的旧模型。玻尔继续说，只有在系统与作为测量工具的第二个系统相互作用时，才可能有空间-时间描述。但此时因果律失去了意义，因为与外界（宏观）系统的相互作用不可避免地导致对系统的不可控的扰动，使得对因果的描述不再可能。然后玻尔引入了互补的概念[26，p. 580]，把它作为一个形容词：

量子理论的本性迫使我们把空间-时间的协调、因果的确认和表征经典理论的集合，都作为描述的互补但并不相容的方面……

后来，人们在提及互补性时，一般是指在历史的波粒二象性的意义上，在描述一个量子对象时既作为粒子又作为波的互补性（如参照，泡利（Paoli）[129，p. 31-]。但是如马拉 · 拜勒（Mara Beller[17，chap. 6]）所令人信服地指出的，这种意思并没有在玻尔的科莫演讲中明确地表达出来。根据拜勒的说法，玻尔只谈及了空间-时间描述与因果律的互补，而在玻尔那里，空间-时

---

① 后来又出版了荷兰文、法文和德文版。关于科莫演讲及其反响的详细讨论，可以参考詹莫（Jammer[98，p. 85-107]）和拜勒（Beller[17，chap. 6]）。

间描述仅在不确定关系中。拜勒还指出，玻尔的目的在于证明他的量子公设及他在1913年构建的电子稳态，与薛定谔的波动力学是相容的。他在演讲中是站在波动力学这一边的，拜勒认为这可能是后来他与海森堡就量子物理的诠释发生争执的原因之一。在演讲的最后，玻尔说[26，p. 590]：

在量子理论中，我们在表征量子公设时不可避免之不合理的特点时，立即遇到一个困难（也就是使得我们的感知适应从对自然不断加深的知识中获得的感觉）。但我希望，互补的思想能够弥合这种情形，因为它具有与人类思维的信息在区分主观与客观时所遇到的普遍性困难之深刻的类似。

玻尔关于量子公设的不合理性的说法似乎很奇怪——难道科学不应该只是被合理的假设所驾驭吗？不过这就是玻尔的特色，在他的著作中比比皆是。

玻尔经常被批评，说其主张不可理喻，科莫的演讲也如是。他的观念的不可理解，给不同甚至对立的诠释留下空间。很有趣的是，玻尔忠实的学生莱奥·罗森菲尔德(Léon Rosenfeld)①对他导师的工作方式做过这样的描述②：

观察他高度集中精力、不屈不挠地通过痛苦地探究每一个细节去澄清问题，真令人感动。正像他所崇拜的席勒的名言："只有丰富，才能达至精确。"③

或许席勒错了。

1.3 玻尔和爱因斯坦在索尔维会议上的辩论

在玻尔发表了他的互补性思想的科莫会议之后一个月，一个在量子物理历史上可能是最著名的会议在比利时布鲁塞尔举行。这是第五届索尔维会

① 约翰·贝耳称罗森菲尔德是一个始终如一的传统主义者[15，p. 93]。
② 更准确地说，这话是关于玻尔准备答复EPR文章的，后面会有详细介绍。
③ 德文引文"Nur die Fülle führt zur Klarheit.""只有丰富，才能达至精确。"（席勒）。

议①,由亨德里克·安图恩· 洛伦兹(Hendrik Antoon Lorentz)主持,在1927年10月24—29日举行。会议汇集了量子理论界精英中的精英,其中有普朗克、爱因斯坦、玻尔、海森堡、玻恩、狄拉克、薛定谔、德布罗意和泡利等(图1.1)。会议的正式议题为**电子和光子**(恰在代表光量子的光子一词被引入一年之后),但实际上,它集中在刚刚建立的量子力学②。1927年索尔维会议事实上在两方面发挥了关键作用:一方面,它标志着量子理论完成了在**形式**上的发展。在会议结束时,玻恩和海森堡骄傲地宣称,量子理论已经成为完备的理论,其基本的物理和数学假设都已经确立,无须变动了。另一方面,它触发了一直延续至今的关于正确诠释量子理论的争辩。由于这场争辩与关于EPR文章的讨论紧密相关,我们将较为细致地展示一些相关的内容。③ 争辩的中心是玻尔和爱因斯坦的辩论,这些辩论并不在正式的程序中,而是在会议间歇时间。玻尔和爱因斯坦在酒店(大都会酒店)的大堂里,或散步时讨论,见下面的介绍。

图1.1 1927年索尔维会议的参加者(本杰明·库布赖摄影,感谢布鲁塞尔索尔维研究所)

① 爱因斯坦已经参加过1911年第一届索尔维会议,其主题是量子理论的早期发展,参看,例如斯特劳曼(Straumann[154])关于爱因斯坦的作用的很值得一读的介绍。

② 巴西亚加卢皮和瓦伦蒂尼(Bacciagaluppi and Valentini[5])提供了关于此次会议的充分报道和会议文集(*Proceedings*)的英文翻译(原文主要是法文)。

③ 詹莫[98,p.109-158]给出更详尽的讨论。

提出物质波动性质并建立的动量与波长的关系(式(1.3))的德布罗意,在他的会议报告中,试图使局域粒子的观测与薛定谔的波动力学和玻恩对波函数 ψ 的概率解释一致。为此,他认为 ψ 不仅是一个概率波,也是一个导引粒子的**导波**(Pilot wave)①。从而,他试图建立一个关于原子现象的确定性的理论。但德布罗意的导波并没有为会议的大多数参与者所接受,尤其遭到泡利的强烈批评。只有爱因斯坦支持他,爱因斯坦当时正在致力于建立统一场论,把粒子表述为波的奇点②。由于遭到反对,德布罗意决定暂时放弃进一步推进其关于导波的工作。后来,大卫·玻姆重拾这种思想而继续发展(第 5.1 节)。但是必须强调,德布罗意的工作是第一个隐变量理论的例证(见本章最后及以后的讨论)。在一般性讨论中,爱因斯坦谈及了与 EPR 工作有关的诠释问题(Bacciagaluppi and Valentini[5,p. 440-442])。他对概率密度 $|\psi|^2$ 发表了两个看法:第一点就是这个量具有纯粹的统计意义,因此只能用于描述粒子的整体集合("整体诠释")。在 EPR 之后,爱因斯坦更偏向于这个诠释。他认为波函数的统计诠释与 EPR 的结论一致,即量子力学是不完备的。而借助于他所探求的统一场论,或如后来所做的寻找隐变量,来实现对**单个**过程的理解,可以使量子理论完备化。

爱因斯坦的第二个观点,是把波函数的诠释个体化。对他来说,只有这种诠释才能保证在基本过程中能量和动量的守恒。但爱因斯坦进一步指出,这不能解释为什么 $|\psi|^2$ 可以局域于一个点(如在照相底版上)而不是像波那样出现许多点。从这种局域化,爱因斯坦看到了违背相对论的超距作用。这就是为什么他同情德布罗意关于导波的理念,因为导波引进了另一个粒子。引起对这第二个诠释不安的原因在于 $|\psi|^2$ 并不是在通常的三维空间里,而是在具有更高维度的位形空间中定义的。哈维·布朗(Harvey Brown)曾经指出爱因斯坦在他的会议文献中没有反对不确定关系;而其实是表达了 EPR 文

① 法文为"Onde pilote"。

② 这个概念首次出现在 Einstein[53]。

章论点的最早的版本[32]。

玻尔与爱因斯坦关于量子理论的一致性的争辩，唯一可查的来源是在西尔普(Schilpp)为纪念爱因斯坦编辑的文集中[29]。文集中玻尔贡献的文章回顾了关于他的互补性说法的争辩，这在 EPR 文章之后又经历了几次变化。虽然它未必精确地反映了他与爱因斯坦在 1927 年和 1930 年争辩的原初的精神，但它是理解他们之间观点分歧的重要的资料。其实，特别在追述 1930 年的争辩时，玻尔似乎迷失了争辩的焦点[91，p. 91-]；[32]；我们将在下面进一步阐明这一点。

爱因斯坦与玻尔第一次相遇是在 1920 年玻尔访问柏林期间。那时他们已经对量子理论的理解有分歧，不光是光量子假说。玻尔那时根本不接受它。(后来在实验证据面前他改变了看法。)然而他们互相都留下了美好的印象，并深深地互相敬仰①。他们在 1925 年 12 月在荷兰雷登再次会面时继续讨论。这次是保罗 · 埃恩法斯特安排了他们的会晤。

要理解爱因斯坦和玻尔在 1927 年索尔维会议上的争辩，不能不考虑那一年另一个重要事件，即海森堡于 3 月 23 日在当时最重要的物理期刊《物理学杂志》(*Zeitschrift für Physik*)上发表了关于不确定关系的文章[86]。在这篇文章中，海森堡表明了同时测量位置 x 和动量 p 的特有限制。这当然关联到这样一个事实，即在量子力学中不存在经典轨迹，因为经典物理学必须假定可以同时获得位置与动量的精确值②。如果以 Δp 和 Δx 代表不确定性，海森堡关系(用现代符号表示)为

$$\Delta p \cdot \Delta x \geqslant \frac{\hbar}{2} \tag{1.5}$$

这里再一次，是普朗克常量 $\hbar$ 决定了测量不确定性的极限。海森堡同时也表述了能量 E 与时间 t 的不确定关系：

---

① 参看詹莫(Jammer[98，p. 123])。

② 在其原始文献中，海森堡并没有采用“Unschärfe”(它只能大致翻译成不确定性；实际意义是模糊)或“Unbestimmtheit”(不确定性)，而是用了“Ungenauigkeit”(不精确性)。

$$\Delta E \cdot \Delta t \geqslant \frac{\hbar}{2} \tag{1.6}$$

爱因斯坦事先知道这篇文章,因为玻尔在 1927 年春天寄给他一份手稿。毫不奇怪,这篇文章引起爱因斯坦很大的不安。如果,从原理上说,同时精确获知位置和动量是不可能的,那么就无法对粒子的轨迹作时空描述,而这是爱因斯坦笃信不疑的。因此他苦思冥想一种思想实验,以试图打破海森堡的关系。这正是他与玻尔在大都会酒店所争辩的课题。

爱因斯坦讨论位置与动量的不确定关系(式(1.5))①。他设计的思想实验之一是两个带狭缝的屏幕和一个背景屏幕(图 1.2)。一束具有给定的德布罗意波长 λ 的粒子入射到有一个狭缝的第一个屏幕。然后到达有两个狭缝(双狭缝)的第二个屏幕,该屏幕被一个弹簧悬挂在空中。上面两个狭缝的间距是 a,因为通过狭缝的粒子由波函数描述,于是会发生干涉,并在背景屏幕上观察到(例如,使照相底版变黑)。干涉图形包括极大和极小,各自的间距为 λ/a。两个极大(或极小)之间的距离是波长的度量,因而可以通过式(1.3)得出粒子的动量。既然如此,那么爱因斯坦争辩如下:因为第二个屏幕是挂在弹簧上的,它在竖直方向就是自由的。通过这个运动,我们可以在粒子通过狭缝的准确的时刻测量动量的转移。然而这个转移取决于粒子是通过哪个狭缝。

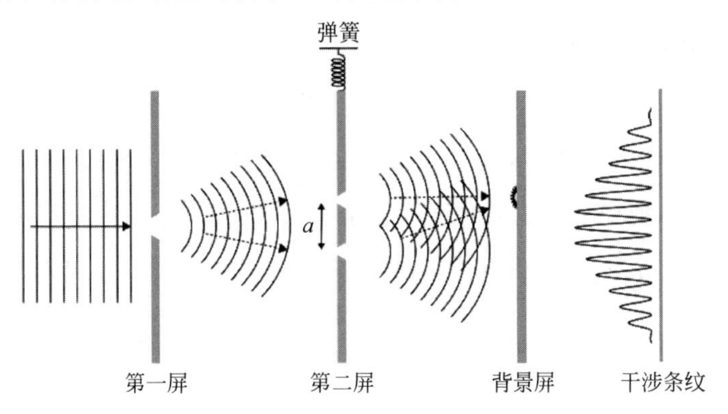

图 1.2　爱因斯坦关于位置-动量不确定关系的思想实验

① 在相关文献中,可以找到无数总结。参看,詹莫(Jammer[98,chap. 6])。但所有这些最终都基于玻尔的记述[29]。

除了干涉图形(记着,它给出粒子的动量),这就会提供粒子的精确位置——从而与海森堡所声称的式(1.5)的关系相悖。

一开始,这个论证使玻尔非常头疼。但是经过一个不眠之夜,他解开了这个假定与式(1.5)的矛盾,并且一早就报告给爱因斯坦。关键在于不确定关系式(1.5)不仅应用于粒子,也应用于第二个屏幕,即宏观对象。玻尔的解是革命性的,因为他破除了微观和宏观物理的区别,而这一直被认为是理所当然的。在 EPR 文章发表以后,他不再持有这个观点。

玻尔现在能够演示,如果测量屏幕的动量足够精确,从而可以确定通过的是哪个狭缝,那就会破坏干涉图形及与其相联系的动量信息,也就是证实了不确定关系。爱因斯坦承认失败。显然,爱因斯坦仍然囿于粒子的经典定义,即粒子其实只是某种小球,它只能通过一个狭缝。然而在量子理论中,所有的客体都是由波函数描述的;所以"粒子"**确实**是同时穿过两个狭缝。即使在海森堡发现不确定关系之前,已经很清楚,关于粒子的经典观念不可能自圆其说。例如,泡利在 1926 年 10 月 19 日给海森堡写下现今变得非常著名的如下的信:

永远不变的是:由于散射,在 ψ 场的波动光学中,粒子束不可能任意小……。你可以用或者你的 p 眼,或者 q 眼来观察世界。但如果你试图同时睁两只眼,那你就是疯了。①

确实在某些情形下,我们可以复制一个非常接近经典轨迹的波包,但永远不可能复制那个轨迹本身,因为它在量子理论中是根本不存在的。

2013 年一批德国和法国的物理学家[144]做了一个爱因斯坦和玻尔思想实验的现代模拟,利用电离氢分子(HD^+)作为双狭缝以充分利用双狭缝的量子行为。被散射的粒子是氦原子。科学家们成功地测量了散射粒子的动量。

---

① 德文原文为"Es ist immer dieselbe Sache: es gibt wegen Beugung keine beliebig dünnen Strahlen in der Wellenoptik des ψ-Feldes[...] Man kann die Welt mit dem p-Auge und man kann sie mit dem q-Auge ansehen,aber wenn man beide Augen zugleich aufmachen will,dann wird man irre."。

而且,他们也能确定在散射发生时分子通过双狭缝的取向。然而这并不能确定氦原子的轨迹,因为分子的取向只与狭缝宽度有关,与分子在空间的精确位置无关;而只有后者可以提供散射的不确定性。

实验观测到的结果显然与量子理论的预言完全相符。实验的目的是要证明玻尔的观点,即双狭缝也需要用量子力学描述①。不确定关系和互补性都不是讨论的内容。爱因斯坦关于同时测量动量转移和干涉图形以确定粒子轨迹的愿望,在量子力学中无法实现。再次说明,其原因是不存在这样的轨迹。

这样一种"走哪条路"的实验已经变成经典物理问题。斯库里(Scully et al.[148])等提出一个实验,试图提供粒子轨迹的信息而无须以不可控的测量干扰它。干涉图形只会由于粒子与仪器的相互作用而消失;传递给粒子的动量可以任意小。这个实验 1998 年在德国的康斯坦兹(Konstanz)大学进行,例如参看兰博(Rempe[134])。干涉图形是铷原子散射一个光学驻波而产生。科学家们采用铷原子,因为铷原子有一个额外的价电子,其自旋对核自旋可以取两种不同取向。这个自旋构成了测量仪器,因为它与原子的动量相纠缠。两种轨迹的选择就与两种自旋的选择相关。一旦这种纠缠建立,所取轨迹的信息就在物理上包含在电子的自旋态,而干涉图形则消失。为使之发生,不需要去"读取"信息;纠缠本身就足够了。关于如何诠释不确定关系式(1.5)的讨论并未停止。一次又一次,人们宣称:关于测量与测量所导致的测量系统的干扰之间的关系的透彻的讨论,会导致破坏式(1.5)的不等式。布驰(Busch et al.[36])描述了这些争辩都导致所声称的破坏不能成立。

是 1935 年 EPR 文章把人们注意力的焦点从对一个系统的直接的干扰,转移到肯定不确定关系对两个系统形成纠缠的核心作用。在谈论这篇文章之前,让我们说说玻尔和爱因斯坦最后一次对不确定关系的深入探讨。这次辩论还是在布鲁塞尔进行,正值 1930 年 10 月关于**磁学**的第六届索尔维会议。他们的话题集中于能量与时间的不确定关系(式(1.6)),而且如霍华德

① "……双缝是量子力学系统的一部分,必须按量子力学处理。"[144]

(Howard[91])和维泰克(Whitaker[166])所做的结论：包含了一些后来在EPR 文章中的思想。

玻尔和爱因斯坦在 1930 年索尔维会议上到底讨论了什么？如前所述，关于这场争论唯一的资料来自西尔普的著作[29]。根据他的记述，爱因斯坦考虑一个含有电磁辐射的盒子，一个壁上有可以打开的门，这个常被称为**爱因斯坦盒子**或**光子盒子**(图 1.3)。一个钟表控制门的开关，所以在给定的时间 t 只有一个光子可以从盒子中发出。光子的能量 E 已知，这可以从称量盒子在发出光子前后的质量而得知；测量质量是靠悬挂盒子的弹簧。这看起来像是与海森堡关于能量与时间的不确定关系(式(1.6))相悖。

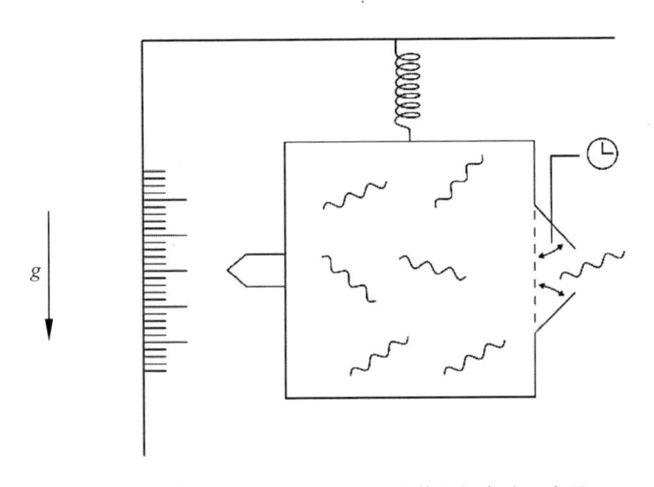

图 1.3　爱因斯坦关于能量-时间关系的思想实验示意图

玻尔是这样答复的。盒子的平衡态位置可以获知，并具有 Δq 的不确定性。按照式(1.5)，这会导致动量的不确定性 $\Delta p \sim \hbar/\Delta q$。玻尔假定，$\Delta p$ 一定小于由于称重时重力场传递给动量的盒子质量之不确定量 Δm；否则，它就不可能有合理的称重。如果以 T 表示称重过程的时长，g 是盒子的重力加速度，v 是速度，这就意味着

$$\Delta p < v\Delta m = gT\Delta m \tag{1.7}$$

有点讽刺的是，玻尔此时采用了爱因斯坦的理论，即广义相对论，按照广义相对论，钟表的速率取决于它在重力场中的位置。因此有一个与 Δq 关联的不

确定度 ΔT，准确的关系是

$$\frac{\Delta T}{T}=\frac{g\,\Delta q}{c^2} \tag{1.8}$$

利用式(1.7)，称重以后的不确定度 ΔT 是

$$\Delta T=\frac{g\,\Delta q}{c^2}T>\frac{\hbar}{\Delta mc^2}=\frac{\hbar}{\Delta E} \tag{1.9}$$

与式(1.6)完全相符。关于这场争论，一般认为玻尔在爱因斯坦自己设计的游戏中完胜。

这真的完全是关于不确定关系吗？埃恩法斯特在 1931 年 7 月 9 日给玻尔写了一封信，表达了不同的观点。他刚刚在柏林见过爱因斯坦，他告诉玻尔：①

他（爱因斯坦）对我说，其实他很长时间以来，都绝对不再怀疑不确定关系，因此，正如他完全不是发明"可称光闪盒子"（weightable light-flash-box，让我们简称它为 L-F-box）"来与不确定关系对立"，而是出于完全不同的目的。②

埃恩法斯特继续解释爱因斯坦的真正意图。根据埃恩法斯特所说，爱因斯坦设想一个发射子弹的"机器"。当子弹飞得足够远（埃恩法斯特说是半个光年），在机器上进行测量，从而估算子弹上的物理量 A 或 B，而 A 和 B 对应于两个不对易（在量子力学中，即表示不可能同时测量）的算符。子弹会被反射到天文数字的距离之外，长时间才能返回到观察者处。也就是说，当物理量 A 和 B 可以被观测时，显然不是同时的。埃恩法斯特在信中评论说：

很有趣弄清楚这样的事实，即已经孤独地"自行"飞行的子弹，必须准备好

① 也可参看哈瓦尔德[91]。

② 德文原文为"Er sagte mir，dass er schon sehr lange absolut nicht mehr an der Unsicherheitsrelation zweifelt und dass er also z. B. den 'waegbaren Lichtblitz-Kasten' (lass ihn kurz L-W-Kasten heissen) DURCHAUS nicht 'contra Unsicherheits-Relation' ausgedacht hat，sondern für einen ganz anderen Zweck."[91，p. 98]。

去满足非常不同的“不对易”预言，尽管“并不预知”人们会做出和检测哪些预言。①

光子盒为此而设计，如果光子是那个子弹，那么物理量 A 和 B 分别是光子返回的时间和它的能量(或频率)。

以上所引用的埃恩法斯特信件的内容，很像很久以后约翰·惠勒(John Wheeler)设想的“延迟选择”思想实验(如参看基弗(Kiefer)[105，p. 92-])。该实验涉及一个明显地把光子当成经典球而不是波的佯谬。

从 1930 年 12 月到 1931 年 3 月，爱因斯坦在美国加利福尼亚与鲍里斯·波多尔斯基和理查德·托曼(Richard Tolman)合作研究量子力学的基本问题。合作的结果即前文提到的文章，论**“对量子力学过去和未来的认知”**[67]。在这篇文章中，他们说明了对一个粒子过往的表现并不会比其未来的表现更精确地确定。这个矛盾曾经在文献中被提出过，但基于薛定谔方程的时间反演对称性，这个结果并不出人意料。不过对于我们的目的而言，更重要的是介绍此文之不同的另一方面。它包括对光子盒思想实验稍许改动的设计，即不考虑盒子与光子的相关性，而是考虑从盒子中发出的两个光子间的相关性。如霍华德所指出的，这个设计可以用于通过对第一个光子不同测量而预计第二个光子返回的时间**或**能量(或频率)。第二个光子已经在很远的地方，不可能受到对第一个光子测量的影响。该实验建立在可分性的基础上，爱因斯坦对此极为关注。而特别是玻尔，会马上拒绝关于过去曾相互作用的系统可以被分别处理的假设。

在讨论 1935 年 EPR 文章之前，我们想介绍数学家约翰·冯·诺依曼(John von Neumann)的重要贡献来完成背景故事。

---

① *德文原文为*“Es ist interessant das Projectil, das da schon isoliert ‘für sich selber’ herumflfliegt darauf vorbereitet sein muss sehr verschiedenen ‘nichtcommutativen’ Prophezeiungen zu genügen, ‘ohne noch zu wissen’ welche dieser Prophezeiungen man machen (und prüfen) wird.”[91, p. 99]。

1.4 约翰·冯·诺依曼与波函数坍塌

约翰·冯·诺依曼(1903—1957)是20世纪最著名的数学家之一。他对量子理论的数学形式做出了重要贡献,强调了一个量子态是由希尔伯特空间中的一个矢量来描述的,而波函数 ψ 只是表达这个矢量的一个特殊方式。他在1932年的经典著作《**量子力学的数学基础**》(***Mathematische Grundlagen der Quantenmechanik***)[①][159]中,对量子力学的完整的数学表述至今在大多数大学课程中依然非常艰深[②]。在这部著作中,冯·诺依曼首次探讨了这样一个事实,即量子理论中出现了两种完全不同的动力学[159,p. 186-]。一个是状态的时间推演,由薛定谔方程所描述;这个动力学适用于一个孤立系统。另一个发生在所研究的系统与外界观测者(测量设备)相互作用时,这个动力学梳理所有对应于观测结果之波函数的一切成分。但这个梳理需要手工进行,没有方程可以解决。直到最近,才有人试图为这个动力学建立方程,虽然并不完全清楚这个是不是真的需要。我们后面还会回到这个问题。

很有意思的是,冯·诺依曼把薛定谔动力学说成是"第二类干预"(虽然这里并没有任何干预),而测量的动力学是"第一类干预"。后来冯·诺依曼的第一类干预大多被说成是波函数坍塌或波函数塌缩。冯·诺依曼还强调,薛定谔方程是时间反演对称的,但波函数塌缩不是。在塌缩中,一个量子态根据玻恩的概率诠释,无缘无故地转化为另一个态,而这个转化的态即是"观测"到的态。这就是为什么在冯·诺依曼的这部著作中也涵盖了热力学和热力学第二定律所表述的熵增加。

---

① "量子力学的数学基础"。

② 玻恩在1935年6月28日给薛定谔的信中写道:"目前,我正尝试去钻研诺依曼的著作。他绝对是他们当中最杰出的一位。"("Vorläufifig versuche ich, etwas tiefer in von Neumanns Buch einzudringen. Er ist doch der Schärfste von allen.")参看冯·米恩(von Meyenn[158].)。

海森堡曾经提到过这个塌缩,但没有展开他的思想。这正是泡利在1927年10月17日给玻尔的信[127,p.411]中所说的:

这是海森堡文章中不完全令人满意之处;"波包的塌缩"似乎有些神秘。①必须强调,当所有的测量设施都包含在系统中时,这种塌缩首先不是必要的。然而,为了在理论上描述任何观测,有必要去问:整个系统中之一部分意味着什么?然后,在诠释全部解的时候,实际上很清楚,忽略观测方式在许多情形(当然不是所有情形)可以被这种塌缩所取代②。

借助一些想象力,最后两句可以被诠释为退相干(参看5.4节)的核心思想,而退相干的概念在1970年以后消除了围绕"波包塌缩"之神秘色彩的关键部分。但泡利本人并没有在这个意义上诠释他自己的话,正如他忽略了环境的动力学作用,而这是退相干所需要的。

冯·诺依曼尽可能地以动力学来描述测量过程,即把量子态诉诸测量仪器和观测者。玻尔则从未有这种想法。根据玻尔在答复EPR文章时所修正的互补性思想,对一个测量设备一定需要做经典描述(参看4.2节)。但是把测量仪器看成一个量子态的观念,对理解经典极限做出了重要贡献(见5.4节)。

量子理论的核心原理是叠加原理(也请参看附录)。根据这个原理,量子态可以相加("重叠")在一起,其结果是另一个实在的量子态。一般而言,这个叠加态不具有经典诠释上的意义。在保罗·狄拉克的著名的著作中,他做了

① 也请参看1927年2月的信(海森堡所强调的):"似乎对我来说,我们现在可以精确地表述这个结果了:轨迹就在人们观测它的时刻被创造出来。"

("Die Lösung kann nun, glaub' ich, prägnant durch den Satz ausgedrückt werden: ***Die Bahn entsteht erst dadurch, daß wir sie beobachten.***")[127, p. 379].

② 德文原文为"Dies ist ja gerade ein Punkt, der bei Heisenberg nicht ganz befriedigend war; es schien dort die 'Reduktion der Pakete' ein bißchen mystisch. Nun ist ja zu betonen, daß solche Reduktionen zunächst nicht nötig sind, wenn man alle Messungsmittel *mit* zum System zählt. Um aber Beobachtungsresultate überhaupt theoretisch beschreiben zu können, muß man fragen, was man über einen ***Teil*** des ganzen Systems allein aussagen kann. Und dann sieht man der vollständigen Lösung von selbst an, daß die Fortlassung des Beobachtungsmittels in vielen Fällen (nicht immer natürlich) formal durch derartige Reduktionen ersetzt werden kann."。

下述的评论[49,p.12]：

一个系统两个量子态存在叠加的原理所需要的关系的性质，不能以我们所熟悉的物理概念来解释。不能在经典意义上来描画一个系统部分地分布在两个态之间，并看作是等同于该系统完全在某一个态中。这里是一个全新的思想，人们必须习惯于它，而且基于它去建立精确的数学理论，而不能有任何经典图像。

现在，如果你像冯·诺依曼那样，把测量仪器也描绘为一个量子力学态，叠加原理对这些态也同样成立。形式上的结果就会是宏观上指示的不同位置的叠加。显然，无人可以观测到这种非经典的态：这正是"薛定谔的猫"极为巧妙地表达出来的。冯·诺依曼很清楚这个问题。值得注意的是，冯·诺依曼以观测者的意识通过用"第一干预"(波函数坍塌)来消除叠加。在他提出两种不同的动力学(可逆的薛定谔方程和不可逆的坍塌)过程之后，冯·诺依曼写道[159,p.223]：

让我们来比较两种情况，究竟哪一种实际存在于自然界，或只存在于观测。首先，绝对正确的是测量或主观感知的相关过程，对于物理环境是一个新的实体，且不可并入该环境中。实际上，主观感知导引我们进入每个人个体的内在的精神生活，这在本性上是观察之外的……。然而，这是科学观点的基本要求，即所谓物理心理学的平行主义(principle of the psychophysical parallelism)，或者说必须能够描述主观感知的物理之外的过程，如同它是物理世界的实在……。[1]

冯·诺依曼继续说明，"第一类干预"在哪里发生并无所谓，只要它发生在宏观世界；其边界在测量仪器之内或"实际的观测者"(冯·诺依曼加上)之内都不重要。后来匈牙利物理学家尤因· 魏格纳(Eugene Wigner，1902—1995)与冯·诺依曼一样，也给予感知以类似的作用，直到清楚了退相干的概

---

① 德文原文为"Vergleichen wir nun diese Verhältnisse mit denjenigen, die in der Natur bzw. bei ihrer Beobachtung wirklich bestehen. Zunächst ist es an und für sich durchaus richtig, daß das."。

念(5.4 节)之后才放弃。伦敦(London)和鲍尔(Bauer)也持有类似的观点。

冯·诺依曼著作中另一个课题也在如何诠释量子理论的辩论中变得重要——关于隐变量不可能的“证明”。隐变量表示一个在量子理论假说的考虑中的变量,对波函数给予一种补充,使得它可以允许同时确定,例如,位置与动量,从而回避了不确定关系。证明这个隐变量之不可能,也等于证明了量子理论的完备性。冯·诺依曼的证明直接与爱因斯坦、波多尔斯基和罗森恰恰是关于量子理论完备性的工作有关;虽然在 EPR 文章中甚至没有提及冯·诺依曼的证明。后来才清楚,冯·诺依曼的证明是不切实际的(5.2 节),因为他的一些假设条件过于狭窄。无论如何,现在我们已经准备好,去探讨 EPR 的工作了。是这篇大作打破了沉寂,开始占据了对关于如何诠释量子理论的争辩之统治地位。

2 爱因斯坦、波多尔斯基、罗森文章

A. Einstein, B. Podolsky, and N. Rosen, Can Quantum-Mechanical Description of Physical Reality Be Considered Complete? *Physical Review*, 47,777-780(1935).

2.1 文章复印件

Can Quantum-Mechanical Description of Physical Reality Be Considered Complete?

A. Einstein, B. Podolsky, and N. Rosen, Physical Review, Volume 47, Page 777-780, published in 1935 by the American Physical Society. Reprinted with permissionhttps://doi. org/10. 1103/PhysRev. 47. 777

在本章末尾附上了对 EPR 文章的中文翻译。

2.2 批判性总结

爱因斯坦、波多尔斯基和罗森的文章,我们称之为 EPR 文章。它并不长,只有 4 页,而且没有任何引文。文章在 1935 年 3 月 25 日投给 *Physical*

Review,同年 5 月 15 日发表。除了引言以外,文章包括无标题的两章。在第一部分,作者声称在假定的客观实体与通过物理理论所描述的是有区别的:

任何物理理论的严肃思考,都必须把独立于任何理论的客观实体以及与理论所采用的物理概念之间的不同考虑在内。

他们继续强调,一个理论的成功取决于下列问题:首先,这个理论是否正确?其次,这个理论给出的描述是否完备?为回答第一个问题,作者提及了测量结果的一致性;尽管这个问题不是他们文章的主题。EPR 文章的焦点在于完备性,如文章标题所示。那么完备性究竟是什么意思呢?量子力学的态是由波函数(或更普遍意义上希尔伯特空间的矢量)来描述的。如果这个描述是完备的,即无须("隐藏的")变量存在,这个隐变量会允许同时测量,例如位置和动量,那么这个理论可以说是完备的。EPR 提出以下的对完备性之必要的判据,这对他们而言是不可回避的:

……物理实在之每一个元素,都必须在物理理论中有对应。

在爱因斯坦于 1935 年 6 月 19 日给薛定谔的信中,更是明确地指出:

在量子力学中,人们以(位形空间)坐标下的规范函数ψ 来描述一个系统状况的实际状态。其随时间的演化由薛定谔方程唯一地确定。人们现在会很愿意认为:ψ 是对于现实体系、现实状态的一对一的对应。测量结果的统计性质则完全是源于测量仪器或测量过程。如果是这样,我愿意说理论对实体的描述是完备的。然而,如果这样的解释不成立,那么我认为理论描述是"不完备"的。①

---

① 德文原文为"Man beschreibt in der Quantentheorie einen wirklichen Zustand eines Systems durch eine normierte Funktion ψ der Koordinaten(des Konfifigurationsraumes). Die zeitliche Änderung ist durch die Schrödinger-Gleichung eindeutig gegeben. Man möchte nun gerne folgendes sagen: ψ ist dem wirklichen Zustand des wirklichen Systems ein-eindeutig zugeordnet. Der statistische Charakter der Meßergebnisse fällt ausschließlich auf das Konto der Meßapparate bzw. des Prozesses der Messung. Wenn dies geht rede ich von einer vollständigen Beschreibung der Wirklichkeit durch die Theorie. Wenn aber eine solche Interpretation nicht durchführbar ist, nenne ich die theoretische Beschreibung 'unvollständig'."(von Meyenn[158])。

为了应用这个判据，我们需要了解物理实在的元素都有哪些？根据这几位作者，完备性的问题可以很容易回答。在此基础上，他们提出一个判据，并认为此判据对于他们的目的而言是足够的。这是关于物理实在的判据，后来引起极大的关注和许多误解。在 EPR 原文中，这个判据特别印成斜体字，它是这样说的：

如果，对系统不做任何扰动，我们可以确定地预言（即概率为一）物理量的数值，那么就存在一个对应于这个物理量的物理实在的元素。

这里关键的一句是“对系统不做任何干扰”。我们还会回到这一点。

EPR 文章的第一部分聚焦在对一个在单一空间维度的粒子的量子力学描述。作者强调了关于“态”这个词的基本重要性，“一个态应该是被波函数 ψ 完备地表征的”。根据量子力学，ψ 提供了完备的描述。进一步，他们也假定了概率诠释的可靠性。说明测量一个经典物理量的特定取值的概率可以从 ψ 的绝对值的平方得到。

如果 ψ 是一个算符 A 的本征函数，本征值为 a，概率诠释表示算符 A（量子理论中称为可观测量）所给出的物理量对于这个态会肯定给出 a 的值。EPR 把他们对物理实在的判据应用于此，从中得出在这个本征态中，存在物理实在的一个对应于物理量 A 的元素。他们以本征值为 p_0 的动量本征态为例[①]得出结论：可以合理地认为这个态的粒子之动量是实在的。

但是，如果这个态不是算符 A 的本征态，我们不能再推衍出这样的结论：不会再有一个确定的值归属于由 A 所描写的物理量。现在来看关于处于动量本征态的粒子的坐标值（对应于位置）。事实上，在这种情形下，所有的坐标值都具有同样的概率。根据 EPR，唯一能获取坐标值的途径是直接测量，然而测量会干扰粒子及其状态；粒子就不再处于动量的本征态了。很有趣的是，EPR 假设了波函数的坍塌（或塌缩），即违背了薛定谔方程（参看 1.4 节）；如通常的做法，他们没有以动力学方式处理这个坍塌，而是人工植入方法。

① 这样一个状态由一个波函数来描述，并在所有的测量中得到动量的值为 p_0。

EPR 进一步把上面的结论普遍化，强调：根据（把波函数描写当成完备的）量子力学，当相应于两个物理量的算符不对易时，这两个物理量不可能同时是实在的。

EPR 文章第一部分的结论可以总结如下。

考虑两个命题：

P_1：以波函数描写物理实在是完备的。

P_2：当相应于两个物理量的算符不对易时，这两个物理量同时具有实在性。

EPR 文章的结论是，P_1 和 P_2 二者中必有其一是不成立的。就是说，或者以波函数来描写物理实体是不完备的，或者不对易的物理量不可能同时是物理实在。值得特别注意的是这句话："不同时为物理实在"，而不是"不同时测量的"，即作者并不质疑非对易的物理量不能同时被**测量**。到此为止，文章包含了至 1935 年为止量子公式绝大多数的不自相矛盾的应用。文章的第二部分是矛盾之所在。这里，EPR 发现第一部分的结果导致矛盾。

他们借助于思想实验（记着爱因斯坦偏好思想实验）来说明这一点。在这个思想实验中，他们考虑两个系统Ⅰ和Ⅱ，在一段时间内相互发生作用，但随后分开。例如一个粒子衰变成两个粒子飞向不同的方向，而且原则上可以相距任意远的距离。EPR 假设两个系统在一开始是被它们各自的态（各自的波函数）来描述，且这两个态是已知的。在相互作用之后只有一个（现在称之为纠缠的）结合了系统Ⅰ加上Ⅱ的波函数。而这两个系统不再各自具有一个独立的态（波函数）。

现在 EPR 假定，对两个系统之一（系统Ⅰ）做测量而导致波函数的坍塌（或塌缩）。这写在文章第二部分的开头一段：

但我们无从计算两个态在相互作用后，究竟留下了哪一个。按照量子力学，这只能借助于下一个测量，也就是众所周知的波包的塌缩过程来确认。让我们来考虑这个过程的本质。

EPR 现在考虑（作为思想实验的一部分）只对系统Ⅰ做的测量。这里他们考虑的是系统Ⅰ中的两个不同的(可观测的)物理量 A 和 B。共同的波函数 $\Psi(x_1,x_2)$①可以以算符 A(EPR 文章中的式(7)),或者是算符 B(EPR 文章中的式(8))的本征函数来展开。如果测量系统Ⅰ中物理量 A,那么会得到一个确定的值 a_k 和相应的波函数 $u_k(x_1)$。依照关于波函数塌缩的假定,EPR 文中的式(7)就会塌缩为一个乘积 $\Psi_k(x_1,x_2)=\psi_k(x_2)u_k(x_1)$。但这意味着没有做过测量(因而没有受过扰动)的系统Ⅱ变成了一个具体的态,即 $\psi_k(x_2)$。两个系统的纠缠被打破了;系统的新的态是一个乘积,因此不再描述系统Ⅰ和Ⅱ之间的相关。

但我们也可以测量系统Ⅰ中的物理量 B 而不是 A,得到一个值 b_r 和本征函数 $v_r(x_1)$。联合波函数则塌缩为一个不同的乘积,即 $\Psi_k(x_1,x_2)=\phi_s(x_2)v_s(x_1)$。EPR 由此得出结论:

我们可以看出,作为对第一个系统连做两次不同的测量的后果是,第二个系统可能会达到具有两个不同波函数的状态。

这样根据 EPR,可以给同一个物理实在赋予两个不同的波函数。他们认为特别重要的情形是系统Ⅱ的不同的波函数 ψ_k 和 ϕ_s 是两个不对易的算符 P 和 Q 的本征函数。EPR 的这个例子如此重要,我们将予以透彻的讨论。也就是说,我们的讨论要变得更加正式了。但即使对所用公式没有详细的了解,也不妨碍对从这个例子所得出的结论的理解。

在他们的例子中,系统Ⅰ和Ⅱ是两个粒子Ⅰ和Ⅱ,并拥有共同的波函数 $\Psi(x_1,x_2)$。EPR 选择了波函数的下列形式:

$$\Psi(x_1,x_2)=h\delta(x_1-x_2+x_0)\equiv\int_{-\infty}^{\infty}\mathrm{d}p\,\mathrm{e}^{2\pi\mathrm{i}(x_1-x_2+x_0)p/h} \tag{2.1}$$

这里 x_0 是一个常数,h 是普朗克常量。基于 δ 函数,x_2 和 x_1 之差实际固定为 x_0。

现在 A 是粒子Ⅰ的动量算符②,其本征函数为

---

① 分别以 x_1 表示第一个粒子的坐标,x_2 表示第二个粒子的坐标。

② 由 $(\hbar/\mathrm{i})\partial/\partial x_1$ 明确给出。

$$u_p(x_1)=\mathrm{e}^{2\pi \mathrm{i} p x_1/h} \tag{2.2}$$

这里没有通常的归一化常数，数字 p 是本征值。共同态式(2.1)可以用这些动量本征函数展开为

$$\Psi(x_1,x_2)=\int_{-\infty}^{\infty}\mathrm{d}p\psi_p(x_2)u_p(x_1) \tag{2.3}$$

其中

$$\psi_p(x_2)=\mathrm{e}^{-2\pi \mathrm{i}(x_2-x_0)p/h} \tag{2.4}$$

是粒子Ⅱ动量算符的本征函数，其作为 P 的本征值为 $-p$，这当然是动量守恒的直接后果：初态的总角动量为零，并保持不变(只要对任一粒子的位置不做测量)。

现在 EPR 考虑作一变化，令 B 为粒子Ⅰ的位置算符，其(不恰当的)本征函数 v_x 是 δ 函数：

$$v_x=\delta(x_1-x) \tag{2.5}$$

然后可以用这些位置本征函数而不是动量本征函数来展开共同态式(2.1)的波函数：

$$\Psi(x_1,x_2)=\int_{-\infty}^{\infty}\mathrm{d}x\varphi_x(x_2)v_x(x_1) \tag{2.6}$$

其中

$$\varphi_x(x_2)=\int_{-\infty}^{\infty}\mathrm{d}p\,\mathrm{e}^{2\pi \mathrm{i}(x-x_2+x_0)p/h}=h\delta(x-x_2+x_0) \tag{2.7}$$

是粒子Ⅱ的位置算符 $Q=x_2$ 的本征函数。它的本征值为 $x+x_0$，即粒子Ⅱ的位置坐标值①。由于

$$[P,Q]\equiv PQ-QP=\frac{h}{2\pi \mathrm{i}}$$

$\psi_p(x_2)$和 $\varphi_x(x_2)$的确是不对易算符，即粒子Ⅱ的位置和动量的本征函数。不对易的算符对应于不能同时测量的物理量，因此服从不确定关系。

这就是 EPR 的例子，在其文章第二部分一开始呈现的普遍情况的特殊

---

① 注意，差值(x_1-x_0)与和值(p_1+p_2)对应于对易算符，因此是同时“可测量的”。

实例。EPR随后回到他们一般性的讨论,并得出一个结论。他们假定系统Ⅱ的波函数 ψ_k 和 φ_r 分别是非对易算符 P 和 Q 的本征函数,本征值分别为 p_k 和 q_r。这个实验(在思想上)可以随意选择对系统Ⅰ测量 A 或 B。如果选择测量 A,那么系统Ⅱ就会被波函数 $\psi_k(x_2)$(在上面的例子中写为式(2.4)的 $\psi_p(x_2)$)所描述,本征值为 p_k(上面为 p)。如果选择测量系统Ⅰ的 B,粒子Ⅱ的波函数就会是 $\varphi_r(x_2)$(上面是 $\varphi_x(x_2)$),本征值为 q_r。然而无论哪种情形,系统Ⅱ都没有受到扰动。EPR在这里第二次阐明他们关于物理实在的判据:

根据我们对物理实在的判据,在第一种情形物理量 P 是物理实在的一个元素,而在第二种情形,物理量 Q 是物理实在的一个元素。但是,如我们看到的,两个波函数 ψ_k 和 ϕ_r 都属于这同一个物理实在。

EPR文章就此得出结论。在第一部分,EPR发现两个命题 P_1 和 P_2 没有一个是不成立的,即或者以波函数描述是不完备的,或者不对易的物理量不可能同时是物理实在。而在第二部分,他们却发现 $P_1 \Rightarrow P_2$,按照完备性的假定,会得出这样的结论:相应于不对易的算符对应于同时为实体的物理量。根据基本的逻辑规律,文章中两部分的发现只有在 P_1 和 P_2 都不成立,或者 P_1 不成立而 P_2 是真实的条件下,才是正确的。由于EPR的首先实验已经(在可分性的假定下)证明 P_2 是真确的,P_1 必然不能成立;也就是说用波函数描述物理实体是不完备的。这是EPR文章最基本的结论。

事实上,命题 P_2 的正确性直接源于可分性导致的局域性判据(虽然这些论述[①]没有在文章中直接表述):系统Ⅰ中发生的事件不可能影响空间上分开(很远以外)的系统Ⅱ。在文章的第二部分,EPR证明只有假定局域性,即

---

① 这些论述有时是同义地使用,有时又具有不同的含义。我们采取德斯潘奈特(d'Espagnat)后来称为爱因斯坦-可分性[47,p. 132],这是爱因斯坦在1949年这样表述的[59,p. 84(85)]:"然而现在,S_2 的状况必定与 S_1 发生了什么没有关系。"("Der reale Sachverhalt (Zustand) des Systems S_2 ist unabhängig davon, was mit dem von ihm räumlich getrennten System S_1 vorgenommen wird.")

P_1 并不是真正涉及的，此时 P_2 才是真实的。可以从第一部分的结果（或 P_1 或 P_2 是不成立的）推论出，P_1 一定是不成立的，即波函数的描述是不完备的。下面就是 EPR 的结语：

现在我们说明了波函数不能为物理实在提供完备的描述，但遗留了一个问题，就是这种描述是不是存在。然而我们相信，这种理论是可能的。

不过，他们并没有在下结论时忘记指出一个可能的漏洞，借助于它，可能避免量子理论是不完备的结论（倒数第二段）：

当然，人们也可以不得出我们的结论，如果他们坚持两个或多个物理实体只有当它们可以被同时测量或预估时，才同时成为实体的元素。

由于在系统Ⅰ中同时测量物理量 A 和 B 是不可能的，P 和 Q 在系统Ⅱ中也不能同时为实体，虽然系统Ⅱ可以远离在任意距离之外。EPR 对此是这样说的：

这就使 P 和 Q 的实在性取决于对第一个系统做测量的过程，这个测量对第二个系统没有任何扰动。

EPR 没有期望这是一个对实体性的合理的定义。但玻尔非常清楚地给出不同的想法（参看下面进一步的论述）。

2.3 思想实验的玻姆模式

EPR 在它们的思想实验中使用的综合态式（2.1）显现出一些不利的特征。例如，不仅在数学上的量子力学公式中包含 delta 函数而变得十分繁复（不再是希尔伯特空间中可归一的一个态），同时也是动力学不稳定的。意思就是说，以这个函数描写的态在时间域会扩展——强局域的波包会迅速扩展。大卫·玻姆（David Bohm，1917—1992）深受哥本哈根学派诠释的影响，撰写了量子力学教科书[21，p. 610-623]，书中给出了 EPR 思想实验的一个简易的版本。他采用了粒子的自旋，而且此后在有关讨论中大都采用这个模式来取代 EPR 原先的思想实验。有意思的是，这实际上也是实验上更容易实现的。

然而这个实验的实现还是一直等到玻姆引入它的十数年之后。同时，EPR 最初的实验也作为双模压缩态实现了（如参看利厄哈特（Leonhardt）[111，p. 74]）。区（Ou）等的文章也报道了这一压缩态的实现[121]。事实上，这个压缩态在天文学和黑洞物理中具有很重要的意义（参看第 6 章的讨论）①。它在一个十分明确的意义上体现了最大相关性[8]。

在玻姆的思想实验中，设计一个双原子分子，每个原子的自旋为$\hbar/2$。联合系统的总自旋假定是零。因此两个原子的自旋的方向对于一个给定的任意取向是反相关的。

现在设想分子由于某种分解之力而分裂为两个相距任意距离的原子（原则上，它们之间的距离可以是天文数字）。“任意远的距离”表示两个原子间的相互作用是不可能的，与 EPR 起初的思想实验的两个粒子完全类似。注意，联合系统的总自旋是守恒的。

如同 EPR 文章的情形一样，争论继续进行。如果对第一个原子自旋的 z 分量做测量，那么可以根据两个粒子的反相关而得知第二个原子的 z 分量；如果对原子 1 测得$+\hbar/2$，那么原子 2 必定是$-\hbar/2$。现在关键是对原子 1 自旋的测量可以是沿任意方向，比如 x 方向。如果对原子 1 测得$+\hbar/2$，那么原子 2 沿 x 方向的自旋必然是$-\hbar/2$。所以与 EPR 实验一样，可以得出结论：原子 2 的所有自旋分量都具有同时的实在性。原子的自旋取向的作用相当于位置与动量的共轭。与位置和动量的情形一样，不同取向的自旋不对易，根据量子力学，它们是不能同时测量的。因此，从这个实验同样也可以得出量子力学不完备的结论。

这里的数学表述（即公式化，也可参看附录 A）是什么样的呢？按照量子力学的规律，当构建一个有两个自旋$\hbar/2$ 的系统合成的态时，有四个基本基函数来处理：

---

① 一个压缩态是位置或动量坐标具有非常小的不确定性，导致其共轭的物理量（分别为动量或位置）因不确定关系而具有非常大的不确定性。

$$|\psi_a\rangle = |\uparrow\rangle_1\,|\uparrow\rangle_2, \quad |\psi_b\rangle = |\downarrow\rangle_1\,|\downarrow\rangle_2$$

$$|\psi_c\rangle = |\uparrow\rangle_1\,|\downarrow\rangle_2, \quad |\psi_d\rangle = |\downarrow\rangle_1\,|\uparrow\rangle_2 \tag{2.8}$$

最后两个基函数，$|\psi_c\rangle$和$|\psi_d\rangle$表述的是每一个原子都在 z 方向有特定的自旋值，而这两个自旋是反平行的。但这两个函数没有相应于一个明确定义的总自旋值。自旋为零的总自旋只是来源于$|\psi_c\rangle$和$|\psi_d\rangle$基于特定的相位关系而发生的相干效果；这就是所谓的"单重态"：

$$|\Psi\rangle = \frac{1}{\sqrt{2}}(|\psi_c\rangle - |\psi_d\rangle) \tag{2.9}$$

这是玻姆的思想实验方案中替代了 EPR 之式(2.1)态的自旋态。如果把式(2.9)中的减号换成加号，就会得到一个总自旋为 1 的态；所以两个分量的相位关系①是非常基本的。

虽然式(2.9)对应于一个确定的总自旋(其值为零)，单个原子的自旋却是不确定的。在测量原子 1 的自旋时，这个具有确定的总自旋而不确定的单个自旋的态变成了一个具有不确定的总自旋却有确定的单个原子自旋的态。就是说，它变成了$|\psi_c\rangle$或$|\psi_d\rangle$(这就是前文讨论过的波函数坍塌)。

式(2.9)态的形式可以对所有的自旋取向普遍化。对于两个在 x 方向反平行的自旋，与式(2.9)相同的态可以分解为 x 方向的自旋本征函数：

$$|\Psi\rangle = \frac{1}{\sqrt{2}}(|\rightarrow\rangle_1\,|\leftarrow\rangle_2 - |\leftarrow\rangle_1\,|\rightarrow\rangle_2) \tag{2.10}$$

同样的公式对所有方向都适用；量子态与方向无关。

如果测量表明原子 1 的自旋指向右方，那么在测量之后原子 2 的自旋必然指向左方，反之亦然。如上所述，争论继续。因为我们可以对原子 1 的自旋在 z 方向抑或 x 方向测量，而不干扰原子 2，两个原子的自旋方向必然都具有物理实在性。由于这个态与取向无关，这个说法对所有的自旋方向都成立。而波函数描述不允许如此，因而必定是不完备的。

---

① 波函数是复数，表征为一个振幅和一个相位(角度)。相位关系是波函数的相对角度；在式(2.9)中，这个角度由于是负号，所以是 180°。当它是正号时，就变成 0°。

我们记得测量中不可能从原子 1 传送信息到原子 2。[①] 对于原子 2 来说，两种分解式(2.9)和式(2.10)所得的态得到同一个约化密度矩阵(参看附录)。无论什么方向，这个矩阵的形式总是

$$\rho_{\text{red}}=\frac{1}{2}\begin{pmatrix}1 & 0\\ 0 & 1\end{pmatrix} \tag{2.11}$$

对于 z 方向而言，这个约化密度矩阵对应于一个 50%原子自旋为正方向，另外 50%原子自旋为负方向的集合。对于所有方向皆如此。所有对原子 2 的测量对于确认原子 1 是否被测量过没有用处。

玻姆是如何解释 EPR 的思想实验的呢？他对 EPR 的局域实在性表示质疑，指出只有在经典层次上，才具有数学理论和“实在元素”之间唯一的对应关系。与此相反，在量子理论中存在的只有波函数和系统之间的统计关系(玻姆称之为潜在可能性)。例如，对于一个电子的位置，由于自然的这种纯统计的特征，我们不能谈及严格定义的实在元素。由于 EPR 的假设不适用于量子理论，当然不可能从中得出量子理论不完备的结论。用玻姆自己的话说[21，p. 622]：

……量子理论的目前形式表明，我们的世界对于任何可以想象的严格定义的数学量之间，不可能具有一对一的对应性，而一个完备的理论，一定要求一种比对严格定义的元素的分析更为普遍的概念。

但必须指出，对于 EPR 来说，正是量子理论的这种统计特色导致了它的不完备性。

玻姆对量子理论的不满意，导致他在 1936 年给出了他自己的诠释，现在称为德布罗意-玻姆诠释或玻姆诠释。在这个诠释中，电子被描述为一个波函数，以及一个附加的位置变量。下面我们还会回到这个问题。

玻姆在其教科书的这一章结论中提出一个简短的论证说明局域实在性(以隐变量为代表)，与量子理论不相容。关于这种不相容的一个令人信服的

---

① 关于这一点的普遍性证明，可以在德斯潘奈特(d’Espagnat)[47，p. 117-]的书中找到，在那里，这个事实被称为“参量独立”。特别是，不可能存在超光速的联络。

数学表达是贝尔不等式，我们在 5.2 节还会进一步讨论。利用它，可以从实验上确认局域实在性正确与否。

2.4 爱因斯坦合作者们的贡献

我们在第 1 章已经简要回顾了爱因斯坦的合作者们在他们会晤于普林斯顿之前的经历。其后又是如何继续的呢？

迹象表明，是波多尔斯基实际上执笔了 EPR 文章。爱因斯坦对其语言表述并不满意①。

例如，他在 1935 年 6 月 19 日给薛定谔的信中写道：

在若干讨论之后，由波多尔斯基执笔这篇文章是有些原因的。但我并不清楚我真正想要表达什么；反而，本质之处，可以说，由于涉及过广而被掩盖。真正的困难在于物理学是一种形而上学；物理学描述“实在”。然而我们不知道“实在”是什么；我们只能通过物理的描述来认识它！②

关于波多尔斯基负责写作③也可以从文章题目中缺少了定冠词而猜测出来。文章的题目是“*Can Quantum-Mechanical Description of Physical*

---

① 维特克(Whitaker)[166，p. 78]写道：“是波多尔斯基把论点集中在一起，写成文章发表。但遗憾的是，在写作中，他使爱因斯坦十分恼怒，因为波多尔斯基是一位逻辑专家，把文章写得像一篇形式逻辑的练习题，而不是爱因斯坦以为的比较直截了当的争论。”这就是为什么爱因斯坦后来设法以自己的方式表述他的观点，本书复印的他写给辩证法(*Dialectica*)的文章即这种努力的一个范例。

② 德文原文为“Diese ist aus Sprachgründen von Podolsky geschrieben nach vielen Diskussionen. Es ist aber nicht so gut herausgekommen, was ich eigentlich wollte; sondern die Hauptsache ist sozusagen durch Gelehrsamkeit verschüttet. Die eigentliche die Physik eine Art Metaphysik ist; Physik beschreibt ‘Wirklichkeit’. Aber wir wissen nicht, was ist; wir kennen sie nur durch die physikalische Beschreibung!” 冯 · 米恩(von Meyenn)[158]。

③ 人们猜疑为什么不是三位作者中唯一的美国人罗森，被选择去写这篇文章？或许是因为他太年轻、缺乏经验，而更可能的是波多尔斯基的个性非常强悍。

Reality Be Considered Complete?” 在 can 之后，缺少了 the，这种缺失对于一个母语是俄语的科学家并不例外。玻尔在其答复中引用的是文章题目的原文，而美国物理学家阿瑟·拉克（Arthur E. Ruark）在他的评论中插入了定冠词[139]。在阿布汉姆·派斯（Abraham Pais）的爱因斯坦传略中，他进一步注意到爱因斯坦使用 ψ 函数而不是波函数[122，p. 499]。

在 EPR 文章完成以后，似乎爱因斯坦与波多尔斯基没有进一步的联系。这倒主要不是由于“本质之处，……，由于涉及过广而被掩盖”，而是由于爱因斯坦被波多尔斯基反复无常的行为所激怒。《纽约时报》（*New York Times*）在 1935 年 5 月 4 日星期六（EPR 在物理评论上发表 的 10 天之前）一期上刊登了一篇题为“爱因斯坦攻击量子理论”的文章，很大程度上涉及 EPR 的工作①。而作为这篇文章补充材料的简介是波多尔斯基写的。正是波多尔斯基促成了这篇文章，但没有与爱因斯坦或罗森商量。爱因斯坦对此文的不满可以从他 1935 年 5 月 7 日在《纽约时报》上的声明看出来（引自詹莫[98，p. 190]）：

贵报 5 月 4 日刊登的“爱因斯坦攻击量子理论”一文所依据之所有信息，均未经过授权。我不可改变的实践是只在适当的论坛讨论科学问题，反对任何关于这些问题的声明在普通的出版物上预先发表。

鲍里斯·波多尔斯基在 1935 年成为美国辛辛那提大学教授，后来在 1961 年执教于同样在辛辛那提的泽维尔大学。他在 1966 年去世。他的科学工作集中在电动力学的普遍化。他后来关于 EPR 工作的表述侧重于其要点，即量子理论的不完备性，特别参照他在 1962 年 10 月 1—5 日在泽维尔大学他参与组织的关于量子理论的会议上的报告。会议的参加者有罗森、狄拉克和魏格纳。会议的报告和讨论可以在网络上找到，其中有大量非常有意思的思

---

① 文章里这样说：“爱因斯坦教授将攻击科学中重要的量子力学理论，而他可以说是这个理论的祖父。他的结论是，量子理论是‘正确’然而不‘完备’的。”引自詹莫（Jammer）[98，p. 189]

想[172]①。

内森·罗森对 EPR 文章的贡献似乎是提出了纠缠态式(2.1)并做出具体的计算。从罗森过去的经验来看,这不令人惊讶。1931 年,他发表了一篇关于氢分子的文章,与他在 MIT 的论文有关,其中采用了波函数

$$\Psi=\psi(a_1)\psi(b_2)+\psi(b_1)\psi(a_2) \tag{2.12}$$

这里 a 和 b 代表两个核,1 和 2 代表两个电子(这是罗森文章中的式(10))。

图 2.1 在 1962 年 10 月泽维尔大学会议上的集体照。最下面一排从左至右:尤金·魏格纳(Eugene Wigner),内森·罗森(Nathan Rosen),保罗·狄拉克(Paul Dirac),鲍里斯·波多尔斯基(Boris Podolsky),亚克·阿哈诺夫(Yakir Aharonov)和温德尔·福利(Wendell Furry)(照片取自俄亥俄州辛辛那提泽维尔大学图书馆的大学档案馆和特别收藏)。

初看起来,式(2.12)是与后来用于 EPR 文章中的式(7)类似的纠缠态。但事实上,它只是一种形式上的对称化,这只对于把粒子数的经典构成结果来说是必要的(参看 Zeh[180,p.10])。无论对一般情况(那里自旋-轨道耦合不可忽略)还是对自旋本身来说,真正的纠缠包括相对坐标的纠缠。在 1931 年,罗森可能还没有意识到这个区别。氢分子的纠缠态是海勒阿斯(Hylleraas[94])

① 照片源自 http://www.titanians.org/about-bob-podolsky/该页也有一张鲍里斯·波多尔斯基的照片。

采用的，他在1929年构建了氦原子的一个纠缠态，见Hylleraas[93][①]。只有计入这个纠缠，才可以得到正确的基态能级。这个重要的论点海森堡已经在1935年提出了：

进而，我们可以指出下列事实：量子力学的自然本质非常紧密地与形式环境相关，即其波函数的数学框架是在多维的位形空间，而不是通常的空间中运作的，并且量子力学的特色已然通过正确地复制更加复杂的原子光谱而被精确地印证[②]。

与波多尔斯基的关系相反，爱因斯坦在1935年以后没有断绝与罗森的交往，而且两人在与广义相对论相关问题上的合作取得丰硕成果。就在撰写EPR文章的同时，他们已经在从事这个或许更重要的课题的研究。他们的文章题目是"在广义相对论中的粒子问题"(*The Particle Problems in the General Theory of Relativity*)在EPR文章发表之前一周的1935年5月8日投送给*Physical Review*，并在同年7月1日发表[64]。文章中，作者提出了后来被称作"爱因斯坦-罗森桥"或"爱因斯坦虫洞"的概念。

这究竟是什么呢？根据广义相对论，一个球形的质量分布的外部几何是由天文学家卡尔·施瓦西(Karl Schwarzschild)发现的场方程的解给出的，也称为施瓦西解。这个解原初的形式具有很恼人的特色：在距离中心一定距离处，它变成奇点，因而失去意义[③]。作为消除这个奇点的努力，爱因斯坦和罗森发现了一个解，能把两个外部几何用一个小桥("虫洞")连接起来(见图2.2)。

---

① 席勒拉斯(Hylleraas)的方法，可以在如Sommerfeld[152，p. 677-]或Bethe和Salpeter[20，p. 232-]中找到。

② 德文原文为"Ferner kann man darauf hinweisen，daß der natürliche Charakter der Quantenmechanik aufs engste mit dem formalen Umstand verknüpft ist，daß ihr mathematisches Schema von Wellenfunktionen im mehrdimensionalen Konfifigurationsraum，nicht im gewöhnlichen Raum handelt，und daß eben dieser Zug der Quantenmechanik durch die korrekte Wiedergabe der komplizierteren Atomspektren eine genaue Bestätigung erfahren hat."[87，p. 418]。

③ 我们指的是在施瓦西半径处的坐标奇点。

由于这样的奇点也在电磁场中存在，爱因斯坦和罗森把它解释为描述基本粒子(如质子和电子)的一种可能的模型。这就提供了一种直接从场方程推衍出物质的存在，而无须人工将其植入方程。在那篇文章结尾处，爱因斯坦和罗森写道：

我们并不先验地看出一个理论是否包容量子现象。然而，也不要先验地排斥一个理论可能包容量子现象的可能性。

在 1935 年 6 月 7 日给薛定谔的信中，爱因斯坦写道[158，Vol. 2，p. 536]：

我发现在广义相对论中，中性和带电的粒子都可以用无奇点的场来描述，而无须附加的项目。从基本原理的角度来看，我绝对不相信量子力学中物理的统计基础，尽管我熟知的量子力学公式的个别成功。我不相信这样的理论可以与广义相对论相一致①。

这是他们的工作与 EPR 文章相关之处。借助于如同爱因斯坦-罗森桥一类概念，爱因斯坦试图把量子理论完备化。我们还会回到这个问题。后来发现，爱因斯坦和罗森在 1935 年得到的解并不适于这个目的，因为它不稳定，因而不能描述(稳定的)基本粒子。而且，作为一种经典概念，它也不能解释 EPR 情形②。

爱因斯坦和罗森继续在另外两篇文章中合作。一篇处理广义相对论中的两体问题[65]，另一篇是关于圆柱形引力波[66]。1936 年以后，罗森先是被聘任为乌克兰(当时是苏联)基辅大学教授，从 1941 年起在美国被卡罗莱纳教堂山分校聘用。从 1953 年到其 1995 年逝世，他在以色列海法的以色列理工

---

① 德文原文为“Ich habe gefunden，daß allgemein relativistisch neutrales Massenteilchen und elektrisches Teilchen sich ohne Zusatzglieder als singularitätsfreie Felder darstellen lassen. Es besteht aber eine ernst zu nehmende Möglichkeit，die Atomistik relativistisch-feldtheoretisch darzustellen，wenn es auch mathematisch überaus schwierig erscheint，zu den Mehrkörper-Problemen vorzudringen. Ich glaube vom prinzipiellen Standpunkt absolut nicht an eine statistische Basis der Physik im Sinne der Quantenmechanik，so fruchtbar sich dieser Formalismus im Einzelnen auch erweist. Ich glaube nicht，daß man eine derartige Theorie allgemein relativistisch durchführen kann.”[158，Vol 2，p. 536]。

② 马尔德森那和萨斯金(Maldacena and Susskind)[115]也质疑了两者之间的关联。

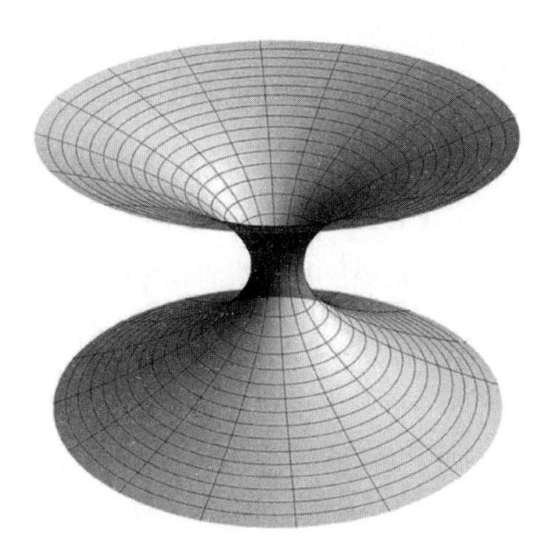

图 2.2 爱因斯坦-罗森桥（Allen McC.绘图，由 a *Creative Commons Attribution-Share Alike 3.0 Unported* 许可公布）。

(technion)做教授。与爱因斯坦和波多尔斯基一样，他始终强调 EPR 文章的核心：量子力学的不完备性（见罗森(Rosen)[137]）。阿舍·皮尔斯(Asher Peres，1934—2005)是罗森的学生，他对量子理论的基础问题，特别是新兴的量子信息做出了贡献。

2.5 批判性进展

EPR 在其文章中所得的结论是，量子理论是不完备的。前面一节我们已经详细讨论了这个结论。现在讨论他们的结论所依据的含蓄的和明显的假设，不完全依照事件的历史顺序，而作更为系统的探讨。我们将在第 4 章对事件发展的时间进程依照 EPR 文章的反响和影响而重新梳理。

首先，关于实在的判据，依据它具有实在的元素对应于物理量，且我们能够不干扰这个系统而确定地预知这个量的数值（参看 2.2 节开始部分）。如拜勒(Beller)和范恩(Fine)[18]所指出的，EPR 文章中使用这个判据只有一次，而且是间接的。在文章的式(1)之后，EPR 提到一个无争议的量子力学事实，即只要系统的波函数是与相应于该物理量的算符 A 之本征值 a 相关联的本征函数（“本征函数-本征值关联”），那么物理量 A 就具有确定值 a。然后 EPR 继续说，“根据我们关于实在的判据……，存在着一个物理实在的元素对应于物理量 A”。当 EPR 在第二部分提及实在的判据时，他们其实只是讨论这个“本征函数-本征值关联”。他们没有说明 P 和 Q 同时在系统Ⅱ具有实在性；为了通过实在性判据来说明这一点，系统Ⅰ中的 A 和 B 必须是可同时测量的，但量子力学不允许；而 EPR 并不怀疑量子力学的可靠性。他们只是说明了系统Ⅱ具有可以用一个动量本征函数以及一个位置本征函数描写的实在性。这个事实在 4.2 节评价玻尔的反应时具有非常根本的意义。

根据范恩(Fine[73,p. 5])的记载，爱因斯坦从来没有反对过 EPR 的实在性评价。看来——至少对爱因斯坦而言——这个判据对于 EPR 的论点关系不大。正如上面引用的他给薛定谔的信中所说，对于他来说，“本质之处，……，由于涉及过广而被掩盖”。然而，如果把过多的东西撇在一边，只把 EPR 论证的核心暴露出来，又会如何呢？什么是爱因斯坦关于他们的工作的关键假设呢？他不断重复地谈到这一点，最初是在致薛定谔的信中，后来在他的论文 *Physik und Realität*（“物理与实在”）[57]中，以及包含在本书中的在《辩证法》(*Dialectica*)杂志发表的文章[58]中，还有他在保罗·阿瑟·西尔普(Paul Arthur Schilpp)编辑的选集[59,60]和玻尔纪念文集[61]里的文章中。所有这些文献都清楚表明，爱因斯坦的观点建立在物理系统，在 EPR 的情形就是系统Ⅰ和Ⅱ之局域性或可分性的基础上。值得对爱因斯坦在 1935 年 6 月 19 日，即爱因斯坦以一个简单的例子强调了重要的观点的 EPR 文章发表一个月之后给薛定谔的信，再做一次细读。爱因斯坦写道：

我面前有两个盒子，都有可以打开的盖子。盖子打开时，我可以看到盒子里面；这就叫作“一次观测”。还有一个小球，在做观测时总是在其中一个盒子里。我将这样描述这种情形：“发现小球在第一个盒子里的概率是 1/2。”这是一个完备的描述吗[①]？爱因斯坦继续讨论两个可能的答案。如果考虑这样的说法，即小球或者在第一个盒子里，或者不在，作为一个完备的描述，那么对于爱因斯坦来说，答案是"不"。但如果一个人假定（如同大多数当时的量子理论家会做的）在打开之前，小球不在任何一个盒子里，那么爱因斯坦的答复会是"是"。这种状态就被 1/2 的概率完备地描述了，没有实在超出了经验世界的统计特性。爱因斯坦然后建立了与量子理论的类比：

当试图解释量子力学与实在的关系时，我们面临类似的可供替代的选择。就小球系统来说，第二种"唯心主义"或薛定谔诠释是陈腐平庸的，普通人会认真地选择第一种，即"玻恩式"的诠释。但是犹太教哲学家会把"实在"作为一种天真的恐惧而予以排除，而声称这两种概念的区别其实只在用词上[②]。

这里爱因斯坦让猫从盒子里出来，并宣示他的可分性原理，据此，EPR 文章——虽然由于涉及过广而被掩盖——延伸至量子理论的不完备性：

现在我思想的模式是：不借助于一个辅助原理的帮助，我们绕不过犹太教哲学家给定的宿命，这就是"可分性原理"。也就是说："包含有关第二个盒子内容的所有东西，都与对第二个盒子做什么操作无关（各自分开的系统）。"如果我们仅仅抓住这个分开性原理，那么第二个（薛定谔）诠释就不成立，只剩下玻恩式诠释，但根据这个诠释，上面给出的对这个态的描述分别是对实在或

---

① 德文原文为"Vor mir stehen zwei Schachteln mit aufklappbarem Deckel, in die ich hineinsehen kann, wenn sie aufgeklappt werden; letzteres heißt 'eine Beobachtung machen'. Es ist außerdem eine Kugel da, die immer in der einen oder anderen Schachtel vorgefunden wird, wenn man eine Beobachtung macht. Nun beschreibe ich einen Zustand so: *Die Wahrscheinlichkeit dafür, daß die Kugel in der ersten Schachtel ist, ist* 1/2. Ist dies eine vollständige Beschreibung?"（[158], Vol. 2, p. 537）。

② 德文原文为"Vor der analogen Alternative stehen wir, wenn wir die Beziehung der Wirklichkeit deuten wollen. Bei dem Kugel-System ist natürlich die zweite, 'piritistische' oder Schrödingersche Interpretation sozusagen abgeschmackt und nur die erste 'Bornsche' würde der Bürger ernst nehmen. Der talmudische Philosoph aber pfeift auf die 'Wirklichkeit' als auf einen Popanz der Naivität und erklärt beide nur der Ausdrucksweise nach verschieden."。

实际的态的不完备的描述①。

爱因斯坦随后利用数学公式明确地表达他的分开性原理，再一次总结了EPR 文章的主要思路。因此，局域性或可分性判据对于爱因斯坦来说具有核心的重要意义；如果放弃了这个，爱因斯坦认为这就失去了合理地描述自然的基础。在他后来的论文中，他把给薛定谔信中的数学表述提升到具有普遍意义的哲学水平。例如，他在给《辩证法》(*Dialectica*)的文章[58，p. 321]中写道：

空间上分离的客体(就这样)存在的独立性的假定，其实来源于日常思维，如果不做这样的假定，以我们熟悉的方式所做的物理推理即不可能②。

由此，爱因斯坦得出量子理论不完备的结论，因为不同的波函数可以归属于同一局域的实在。假定完备性是相应于承认"超距作用的假说"，这个假说是很难接受的③，这对爱因斯坦而言也是与相对论不相容的。只是到后来，爱因斯坦去世多年之后，与贝尔不等式相联系，物理学家才完全弄清楚了局域实在的假设不仅与量子理论的完备性相悖，而且也与可行的实验不符。似乎没有必要做一种回顾来想象，如果爱因斯坦在世的话，他会如何反应。

根据爱因斯坦的概述，确实只要一个变量(如位置坐标)就足够了。考虑两个不对易，因此不可能同时测量的变量使辩论更锐利，但主要基于历史事件

---

① 德文原文是"*Meine* Denkweise ist nun so: An sich kann man dem Talmudiker nicht beikommen，wenn man kein zusätzliches Prinzip zu Hilfe nimmt: Nämlich: 'die zweite Schachtel nebst allem，was ihren Inhalt betrifft，ist unabhängig davon，was bezüglich der ersten Schachtel passiert' (getrennte Teilsysteme). Hält man an dem Trennungsprinzip fest，so schließt man dadurch die zweite ('Schrödingersche') Auffassung aus und es bleibt nur die Bornsche，nach welcher aber die obige Beschreibung des Zustands eine *unvollständige* Beschreibung der *Wirklichkeit*，bzw. der wirklichen Zustände ist."。

② 德文原文是"Ohne die Annahme einer solchen Unabhängigkeit der Existenz (des 'So-Seins') der räumlich distanten Dinge voneinander，die zunächst dem Alltags-Denken entstammt，wäre physikalisches Denken in dem uns geläufifigen Sinne nicht möglich."。

③ 德文原文是"...die Hypothese einer schwer annehmbaren Fernwirkung"[58，p. 323]。

的演进，即更早一些关于不确定关系的讨论。当考虑一个纠缠波函数$\psi(x_1,x_2)$时，我们可以得到下面的结论。由于纠缠，x_1 和 x_2 不具有各自的实在性。只有通过测量，例如 x_1，使该量子态化为一个乘积，并应用爱因斯坦的可分性原理时，才可以赋予 x_2 以实在性。爱德华·泰勒(Edward Teller，1908—2003)是一位把这个事实阐述得非常清楚的科学家，如我们可以在他1935 年 6 月给薛定谔的信中[158，p. 530]看到的。基于这个原因，泰勒甚至不愿意提及实在性。

爱因斯坦在他给西尔普(Schilpp)的纪念文集提供的文章中，表述了他的“认识论信条”。他是这样写的[59，p. 31]：

物理学致力于从概念上把握实在，并认为它独立于所被观测到的。在这个意义上，我们说“物理实在性”①。

在他对此文集中文章所做的评述中，爱因斯坦指出[60，p. 236]：

“存在”总是某种我们头脑所构建的东西，也就是我们(从逻辑的意义上)自由地假设的东西②。

在这里，爱因斯坦实质上转而反对经典实证主义的箴言“*esse est percipi*”(存在就是被感知)，其含义就是，作为结果的就是被感知的。这个引言所传递的思想完全与 EPR 文章的第一部分不同。但是在文章中，实在是一个客观的量，应用这个词语及其定义只是为了对应于实在的元素，爱因斯坦在这里提升了在使用术语和定义时的选择自由，以试图趋近在某种程度上超越它被观测的实在。他写道[59，p. 12]：

虽然概念体系在逻辑上是完全随意的，但他们受制于获取最具有可能的

① 德文原文为“Die Physik ist eine Bemühung，das Seiende als etwas begrifflflich zu erfassen，was unabhängig vom Wahrgenommen-Werden gedacht wird. In diesem Sinne spricht man vom ‘PhysikalischRealen’.”。

② 德文原文为“Das ‘Sein’ ist immer etwas von uns gedanklich Konstruiertes，also von uns (im logischen Sinne) frei Gesetztes.”。

确定性(直觉)和与感官经验的整体的完全协调；……①

这些大量论述，与多年后 1953 年出版的哲学家路德维希·维特根斯坦(Ludwig Wittgenstein，1889—1951)的《哲学研究》(*Philoso phische Untersuchungen*，参阅维特根施坦[171])有共鸣，后者在一定程度上受莫里茨·施里克(Moritz Schlick)主持的维也纳学派的影响。在某种意义上，爱因斯坦关于术语和定义之自由选择的说法与维特根斯坦关于语言-游戏的说法相呼应。两者之间的主要差别当然是在物理学中对术语和定义的选择要经得起经验的检验。

由于爱因斯坦确信自己发现了量子理论的不完备性，所以他就试图使之完备。但他没有试图从内部去完备："然而我相信，这个理论对启动未来的发展提供不了帮助。"②

爱因斯坦在他对统一场论的诉求中另寻补救之途。从 20 世纪 20 年代起，爱因斯坦试图按照他的广义相对论的范例，把引力场和电磁场统一起来。他期望粒子——即原子和电子的行为，通常是量子理论的领域——能够是他的关于场的基本方程的无奇点解。在上面提到的他与罗森合作的文章假定是这个美丽建筑的第一块砖："请看我最近与罗森先生合作在《物理评论》上发表的一篇小文，关于物质之可能的相对论诠释。如果数学上的困难可以克服，这或者会带给我们一些新东西。"③

---

① 德文原文为"Die Begriffssysteme sind zwar an sich logisch gänzlich willkürlich, aber gebunden durch das Ziel, eine möglichst sichere (intuitive) und vollständige Zuordnung zu der Gesamtheit der Sinneserlebnisse zuzulassen;[...]"。

② 德文原文为"Ich glaube aber, daß diese Theorie keinen brauchbaren Ausgangspunkt für die künftige Entwicklung bietet."[59]。

③ 德文原文为"Schau Dir die kleine Arbeit an, die ich mit Herrn Rosen in der Physikalischen Review jüngst über eine denkbare relativistische Deutung der Materie publiziert habe. Dies könnte zu etwas führen, wenn sich die mathematischen Schwierigkeiten überwinden lassen."爱因斯坦在 1935 年 8 月 8 日致薛定谔的信，见冯·米恩(von Meyenn)[158, vol. 2, p. 562]。

在他给德布罗意纪念文集提供的文章里，爱因斯坦重申这个观点：我通过把引力方程普遍化而推测一个合理的广义相对论场论的努力，有可能会为量子理论的完备化提供钥匙。

但这只是谦卑的希望，而不是确定的信念。此后我们将讨论为什么爱因斯坦的希望落空了。①

在相当早的时候，爱因斯坦就对量子理论的统计特征感到惊讶。在他于1926年12月4日(即EPR文章的十年之前)给玻恩的信中，有一节后来很著名的论述：

量子力学无疑是宏伟的。但内心有个声音告诉我们，它还不是真实的东西。量子理论讲了很多，但并没有把我们带得离"旧的东西"的秘密更近一步。我本人，不论多大赌注，都确信他不是在掷骰子。②

早在1927年5月，在研究海森堡关于不确定原理的文章之前一个月，爱因斯坦在柏林的普鲁士科学院做过一次演讲，探讨了薛定谔的波动方程是否完备地描述了系统的动力学，或者只具有统计的意义。爱因斯坦在文章发表之前撤回了，但如今可以在线上读到[56]③。在这篇文章中，爱因斯坦引入了一种诠释，类似于德布罗意的导波理论。但是在这里对我们的目的来说，重要

---

① 德文原文为"Meine Bemühungen, die allgemeine Relativitätstheorie durch Verallgemeinerung der Gravitationsgleichungen zu vervollständigen, verdanken ihre Entstehung zum Teil der Vermutung, daß eine vernünftige allgemein relativistische Feldtheorie vielleicht den Schlüssel zu einer vollkommeneren Quantentheorie liefern könne. Dies ist eine bescheidene Hoffnung, aber durchaus keine Überzeugung."[62, p. 17]。

② 德文原文为"Die Quantenmechanik ist sehr achtung-gebietend. Aber eine innere Stimme sagt mir, daß das doch nicht der wahre Jakob ist. Die Theorie liefert viel, aber dem Geheimnis des Alten bringt sie uns kaum näher. Jedenfalls bin ich überzeugt, daß *der* nicht würfelt."[69]。

③ 这正是薛定谔在1935年6月13日，即EPR文章发表后几天，给爱因斯坦信中所指："确实，在你几年前在柏林提出以后，我们就此讨论得很频繁和热烈。"

德文原文为"Wir haben ja die Dinge, nachdem Du schon vor Jahren in Berlin darauf hingewiesen hattest, in den Seminaren viel und mit heißen Köpfen diskutiert."[158, p. 551]。

的是这样的事实，即在1927年爱因斯坦已经被量子理论的完备性所困扰，关于这一点还可参阅布朗(Brown)[32]。EPR文章及其后的著述清楚地表明，爱因斯坦已经接受了量子理论的统计性质。但是对他来说，这只是量子理论不完备性的一种表现。决定论并不是EPR分析预设的前提(见5.2节末尾约翰·贝尔的引语)。

后来在给玻恩纪念文集的稿件中，爱因斯坦强调了经典极限的重要性[61]。他举的例子是一个宏观领域的波函数，对应于宏观上不同动量的叠加。因此它不描述一种宏观行为(薛定谔在其著名的猫的佯谬中触及了这种情形的核心，见下面更多讨论)。其结果就是，根据爱因斯坦，量子力学只能得出在测量一个确定的宏观态时的概率。即他所说：

我们考虑的结果是：薛定谔方程唯一可接受的诠释是玻恩给出的概率诠释。但是这并没有为一个单独的系统提供实在的描述，而只是一堆这样的系统之集合的统计说法①。

此后又经过很长时间，才真正理解如何从量子理论得到经典极限(见5.4节)。宏观的波函数必然会与它们的环境的自由度相纠缠，得到一个宏观系统变量的经典行为的仿真。因此爱因斯坦在1953年的论证是无效的，因为他假定的是一个绝对孤立的态。

爱因斯坦在其余生思考量子理论是对自然的一个统计描述，类似于19世纪的统计力学，后者后来被一个微观理论所替代而无须一个基本的统计性质。除去其他因素，爱因斯坦的这个信念驱使他求索一个在经典原理基础之上的统一场论——一个最终失败的努力。

---

① 德文原文为“Das Ergebnis unserer Betrachtung ist dieses. Die einzige bisherige annehmbare Interpretation der Schrödinger-Gleichung ist die von Born gegebene statistische Interpretation. Diese liefert jedoch keine Realbeschreibung für das Einzelsystem, sondern nur statistische Aussagen über System Gesamtheiten.”[61, p. 40]。

对物理实在的量子力学描述可以认为是完备的吗?

A. 爱因斯坦、B. 波多尔斯基和 N. 罗森,
新泽西州普林斯顿高等研究所

(1935 年 3 月 25 日收到)

一个完备理论的每一个要素总是对应于实在的一个要素。物理量真实存在的充分条件是在不干扰其系统的条件下可以确定地预测其值。在量子力学中,如果描述系统的两个物理量是非对易算符,那么,其中一个物理量的认知会影响对另一个的认知。从而,要么(ⅰ)量子力学的波函数给出的对实在的描述不完备,要么(ⅱ)这两个量不能同时具有实在性。考虑根据先前与一个系统有过交互作用的另一个系统上的测量结果来对该系统进行预测的问题,结果是,如果(ⅰ)是错的,则(ⅱ)也是错的。因此,人们得出结论,波函数对真实存在的描述是不完备的。

1

关于一个物理理论的任何严肃思考,都必须考虑到独立于任何理论的客观实在与理论运作的物理概念之间的区别。这些概念旨在与客观实在相对应,并且通过这些概念来给我们勾画这个客观实在。

在试图判断物理理论成功与否的时候,我们应该问自己两个问题:(ⅰ)“这个理论是否正确?”和(ⅱ)“这个理论给出的描述是否完备?”,只有在对这两个问题都给出肯定答案的情况下,理论的概念才可以说是令人满意的。理论的正确性取决于理论的结论与人类的经验之间的一致程度。这种经验是唯一能够使我们对实在做出推断的方式,而在物理学中,就是借助于实验和测量。将其应用在量子力学,就是本文要考虑的问题(ⅱ)。

无论我们赋予术语“完备”何种含义,一个完备理论满足以下要求似乎是必要的:物理实在的每一个要素都必须在物理理论中有一个相对应的部分。

我们称之为完备性条件。因此，只要我们能够确定出物理实在的要素，第二个问题就很容易回答。

物理实在的要素不能通过先验的哲学考虑来确定，而是必须诉诸实验和测量的结果。然而，对实在之高度概括的定义对于我们的目的来说是不必要的。我们满意地认为以下的判据是合理的。**如果不以任何方式干扰系统并且可以完全确定地(即概率等于1)预测物理量的值，那么就存在与该物理量相对应的物理实在的要素**。在我们看来，这一标准虽然远没有穷尽所有可能的方式来确认一个物理实在，但它至少为我们提供了一种它在所需具备的条件下发生的方式。这一判据不被视为真实性的必要条件，而纯粹是一个充分条件，它与经典的以及量子力学对实在的认知都是一致的。

为了说明所涉及的想法，让我们考虑具有单一自由度之粒子行为的量子力学描述。量子理论的基本概念是假定完全可以由波函数 ψ 来表征量子态，波函数 ψ 是用来描述粒子行为的变量的函数，与每个物理上的可观测量 A 相对应的是一个算符，它可以用相同的字母表示。

如果 ψ 是算符 A 的本征函数，即，如果

$$\psi' \equiv A\psi = a\psi \tag{1}$$

其中 a 是一个数值，那么只要粒子处于由 ψ 给出的状态时，物理量 A 肯定具有 a 这个值。根据我们关于实在的判据，对应于满足方程式(1)状态 ψ 的粒子，存在与物理量 A 相对应的物理实在的要素。例如

$$\psi = \mathrm{e}^{(2\pi\mathrm{i}/\hbar)p_0 x} \tag{2}$$

其中，$\hbar$是普朗克常量，p_0 是常数，x 是独立变量。因为粒子动量对应的算符是

$$p = \left(\frac{\hbar}{2\pi\mathrm{i}}\right)\frac{\partial}{\partial x} \tag{3}$$

我们得到

$$\psi' = p\psi = \left(\frac{\hbar}{2\pi\mathrm{i}}\right)\frac{\partial\psi}{\partial x} = p_0\psi \tag{4}$$

因此，在方程式(2)给出的状态下，动量肯定具有的值为 p_0。所以可以说，在

方程式(2)给出的状态中,粒子的动量是实在的。

另一方面,如果方程式(1)不成立,我们就不能再谈论具有特征值的物理量 A。例如,粒子坐标就是这种情况。对应于粒子坐标的算符,例如 q,就是与一个独立的坐标变量相乘,即

$$q\psi = x\psi \neq a\psi \tag{5}$$

根据量子力学,我们只能说,坐标测量得到的结果处在 a 和 b 之间的相对概率为

$$P(a,b) = \int_a^b \bar{\psi}\psi \mathrm{d}x = \int_a^b \mathrm{d}x = b - a \tag{6}$$

因为该概率与 a 无关,而仅取决于差,即 $b-a$,所以我们看到坐标的所有值都可以等概率地出现。

因此,对于处于方程式(2)给出的状态的粒子,坐标的确定值是不可预测的,而只能通过直接测量获得。然而,这种测量会干扰粒子,从而改变其状态。坐标确定后,粒子将不再处于方程式(2)给出的状态。从量子力学中得出的通常结论是,**当粒子的动量已知时,其坐标不再具有物理实在性了**。

更一般地,量子力学表明,如果对应于两个物理量的算符,如 A 和 B,不对易,即如果 $AB \neq BA$,那么对其中一个的精确认知,就排除了另一个的精确认知。而且,任何试图从实验上确定后者的尝试都会改变系统的状态,从而破坏对前者的精确认知。

由此可知,**或者(ⅰ)由波函数给出的对实在的量子力学描述是不完备的,或者(ⅱ)当两个物理量对应的算符不对易时,这两个量不可能同时具有实在性**。因为如果这样的两个量都有同时的实在性——因此也有确定的值——这些值就会根据完备性的条件纳入完备的描述之中。如果波函数提供了对实在的完备描述,它将包含这些值,这些值也就都应该是可以预测的。然而事实并非如此,我们只能换一种说法。

在量子力学中,通常假设波函数**确实**包含系统对其相应状态的物理实在的完备描述。乍一看,这一假设是完全合理的,因为从波函数中获得的信息似

乎完全符合在不改变系统状态的情况下可以测量的结果。然而,我们下面将表明,把这一假设与上面给出的关于实在的判据放在一起来看,就会导致一个矛盾。

2

为此,假设有两个系统,Ⅰ和Ⅱ,允许它们在 $t=0$ 到 $t=T$ 之间相互作用,此后这两个部分之间不再有任何相互作用。我们进一步假设两个系统在 $t=0$ 之前的状态是已知的。然后,我们可以借助薛定谔方程计算组合系统Ⅰ+Ⅱ在任何后续时间的状态,特别是在任何 $t>T$ 时刻的状态。让我们用 ψ 表示相应的波函数。然而,我们无法计算两个系统中任何一个在相互作用后留下的状态。根据量子力学,这只能借助于进一步的测量,通过一种称为**波包坍缩**的过程来实现。让我们探讨一下这个过程的实质。

设 $a_1, a_2, a_3, \cdots$ 是系统Ⅰ的物理量 A 的本征值,$u_1(x_1), u_2(x_1), u_3(x_1), \cdots$ 是相应的本征函数,其中 x_1 表示用于描述第一个系统的变量。那么,作为 x_1 的函数 ψ 可以表示为

$$\psi(x_1, x_2)=\sum_{n=1}^{\infty} \psi_n(x_2) u_n(x_1) \tag{7}$$

其中 x_2 表示用于描述第二系统的坐标变量。这里,$\psi_n(x_2)$ 被纯粹视为将 $\psi(x_1, x_2)$ 展开成一系列正交函数 $u_n(x_1)$ 的系数。现在假设量 A 被测量,并发现其值为 a_k。然后得出结论,在测量之后,第一系统保持在由波函数 $u_k(x_1)$ 给出的状态,第二系统保持在由波函数 $\psi_k(x_2)$ 给定的状态。这是波包的坍缩过程,即由无穷级数式(7)给出的波包坍缩为单个项 $\psi_k(x_2) u_k(x_1)$。

函数 $u_n(x_1)$ 由物理量 A 的选择决定。如果我们选择了另一个量取代 A,例如 B,具有特征值 b_1、b_2、b_3、…和本征函数 $v_1(x_1)$、$v_2(x_1)$、$v_3(x_1)$、…,那么我们应该得到的不是方程式(7),而是

$$\psi(x_1, x_2)=\sum_{s=1}^{\infty} \varphi_s(x_2) v_s(x_1) \tag{8}$$

其中 φ_s 是新展开的级数系数。如果现在测量的量是 B 并发现其值为 b_r,则

我们得出结论，在测量之后，第一个系统处于由 $v_r(x_1)$ 给出的状态，第二个系统处于由 $\varphi_r(x_2)$ 给出的状态。我们因此看到，由于对第一个系统进行了两次不同的测量，第二个系统可能处于具有两种不同波函数的状态。另一方面，由于在测量时，两个系统没有相互作用，第二个系统中不会发生任何可能由于对第一个系统所做的事情而发生真正的变化。当然，这只是两个系统之间没有相互作用的基础上的陈述。因此，**可以将两个不同的波函数**（在我们的示例中为 ψ_k 和 φ_r）**赋予同一个实在**（与第一个系统交互作用后的第二个系统）。

现在，设想两个波函数 ψ_k 和 φ_r，分别为对应于物理量 P 和 Q 之非对易算符的本征函数。举一个例子可以更好地说明这个实际上可能的情形。假设这两个系统是两个粒子，并且总的波函数为

$$\psi(x_1,x_2)=\int_{-\infty}^{\infty} e^{(2\pi i/h)(x_1-x_2+x_0)p}\,dp \tag{9}$$

其中 x_0 是一个常数。设 A 为第一个粒子的动量，那么，正如我们在方程式(4)中看到的，其本征函数为

$$u_p(x_1)=e^{(2\pi i/h)px_1} \tag{10}$$

相应的本征值为 p。由于这里是连续谱的情况，等式(7)要写成如下形式

$$\psi(x_1,x_2)=\int_{-\infty}^{\infty}\psi_p(x_2)u_p(x_1)\,dp \tag{11}$$

其中

$$\psi_p(x_2)=e^{-(2\pi i/h)(x_2-x_0)p} \tag{12}$$

然而，这个 ψ_p 是动量算符

$$p=\left(\frac{h}{2\pi i}\right)\frac{\partial}{\partial x_2} \tag{13}$$

的本征函数，对应于第二个粒子的动量本征值为 $-p$。另一方面，如果 B 是第一个粒子的坐标，则它具有本征函数

$$v_x=\delta(x_1-x) \tag{14}$$

对应于本征值 x，其中 $\delta(x_1-x)$ 是众所周知的狄拉克 delta 函数。在这种情况下，等式(8)变为

$$\psi(x_1,x_2)=\int_{-\infty}^{\infty}\varphi_x(x_2)v_x(x_1)\mathrm{d}x \tag{15}$$

其中

$$\varphi_x(x_2)=\int_{-\infty}^{\infty}\mathrm{e}^{(2\pi i/\hbar)(x-x_2+x_0)}\mathrm{d}p=\hbar\delta(x-x_2+x_0) \tag{16}$$

然而,这个 φ_x 是算符

$$Q=x_2 \tag{17}$$

的本征函数,对应于第二个粒子坐标的本征值为 $x+x_2$。由于

$$PQ-QP=\hbar/2\pi i \tag{18}$$

因此,ψ_k 和 φ_r 可认为是对应于物理量的两个非对易算符的本征函数。

回到等式(7)和等式(8)中考虑的一般情况。我们假设 ψ_k 和 φ_r 确实是某两个非对易算符 P 和 Q 的本征函数,分别对应于本征值 p_k 和 q_r。因此,通过测量 A 或 B,我们可以确定地预测量 P(即 p_k)的值或量 Q(即 q_r)的值,而不会以任何方式干扰第二系统。根据我们关于实在的判据,在第一种情况下,我们必须将物理量 P 视为实在的要素,在第二种情况下物理量 Q 是实在的要素。然而,如我们所看到的,波函数 ψ_k 和 φ_r 都属于同一个实在。

之前我们证明了或者(ⅰ),波函数给出的关于实在的量子力学描述是不完备的,或者(ⅱ),当两个物理量对应的算符不对易时,这两个量不可能同时具有实在性。从波函数确实给出了物理实在的完备描述这一假设出发,我们会得出结论,即两个对应于非对易算符的物理量,可以同时具有实在性。因此,对(ⅰ)的否定导致对唯一的另一个选择(ⅱ)之否定。因此,我们不得不得出结论,由波函数给出的对物理实在的量子力学描述是不完备的。

人们可能会反对这样的结论,基于我们关于实在的判据不够严谨。事实上,如果有人坚持认为只有**当两个或更多的物理量可以同时测量或预估时**,才可以将它们同时视为实在的要素,那么就不会得出我们的结论。从这个观点来看,由于 P 和 Q 中的一个或另一个,但不是两者同时可以被预测,所以它们不同时是实在的。这使得 P 和 Q 的实在性取决于在第一个系统上进行的测

量过程,而这个测量不会以任何方式干扰第二个系统。任何对实在的合理定义都不可能允许这一点。

虽然我们已经证明了波函数并不能提供对物理实在的完备描述,我们对这样的描述是否存在的问题仍持开放态度。的确,我们相信这样的理论是可能的。

3　对爱因斯坦 1948 年论文的翻译

A. Einstein(1948), Quanten-Mechanik und wirklichkeit, *Dialectica*, 2, 320-324。原始出版物请参阅 https://doi.org/10.1111/j.1746-8361.1948.tb00704.x

英文版由 S. Linden 和 A. K. Hudert 翻译。第Ⅱ部分和最后三段的翻译选自 Howard, D. (1985), 爱因斯坦论局域性与可分性(*Einstein on Locality and Separability*). Studies in History and Philosophy of Science, 16, 171-201。英文摘要是爱因斯坦原始论文的一部分。

爱因斯坦撰写的论文手稿可在线获得: Einstein Archives Online, Archival Call Number 2-100.

3.1　量子力学与实在

下面,我想以一种基本的方式简要阐述,为什么我认为量子力学的方法在原理上不是令人满意的。但紧接着我要声明,我从来没有否定量子理论构成了重要的，甚至在一定意义上是最终的物理知识的进展。像光线光学被涵盖在波动光学中一样，我猜测量子力学也将成为以后发展的理论的一部分：基本关系依然成立，但对其理解会更加深入，甚至被更为全面的理论所取代。

I

我的物理图像是一个自由粒子在某个时刻（在量子力学意义上）可以完全由空间有界分布的 ψ 函数描述。根据这个图像，粒子的动量和位置都是不确定的。

那么在什么情况下可以认为这个图像代表了一个真实的、独立的事实存在？有两种说法在我看来是可能的和显而易见的，下面我们将它们彼此权衡对比一下。

(a)（自由）粒子确实有确定的位置和动量，即使在同样的个别情况下，不能同时测量到这两个量。根据此观点，ψ 函数给出的则是对真实物理存在的不完备的描述。

这种说法不是物理学家所能接受的。因为接受它就意味着除了 ψ 函数的不完备描述和所对应的物理定律外，还需要得出一个对此真实物理存在的完备的描述。这超出了量子力学理论的范畴。

(b) 这个粒子确实没有确定的动量和位置；ψ 函数的描述在原则上是完备的。通过测量得到的粒子确定位置不能等同于测量之前粒子所在的位置，因为测量过程对粒子产生了不可避免的（而且必要的）干预。测量结果并不仅仅依赖于粒子的真实情况，也取决于测量机制的性质，原则上，这是部分未知的。这同样适用于动量或者与该粒子有关的其他任何可观测物理量的测量。目前看来物理学家似乎更倾向于此解释，而且不可否认，它是唯一一个在量子力学框架内自然满足海森堡不确定关系所表述的经验模型的解释。

依据这种解释，两个（本质上）不同的 ψ 函数描述的是两种不同的真实状态（例如，具有确定位置的粒子和具有确定动量的粒子）。

上述解释，经过必要的修改后，也适用于描述由多个质量点组成的系统。

基于Ⅰ节(b)这种解释,我们再次假设 ψ 函数完备描述了一种真实的物理存在,而两个本质上不同的 ψ 函数则描述了两种不同的真实的物理存在,即使在赋予一个完整的测量时,它们可能给出相同的测量结果;测量结果的一致性在某种程度上归因于测量系统的部分未知的影响。

Ⅱ

如果有人问独立于量子理论的物理学观念中的实在的特征是什么,那么吸引我们注意的最主要的是以下几点:物理学的概念是就一个真实的外部世界而言的,也就是说,思想是被认为是"真实存在"的事物的反映,它独立于感知主体(身体、场等)。而另一方面,这些思想又与感官印象建立尽可能牢固的关系。此外,这些物理事物的特征是存在于一个时空连续体中的。更进一步很根本的是物理学中引入事物的安排,即在特定的时间,这些事物彼此是独立存在的,亦即"位于空间的不同位置"。如果没有这样一个源于日常思维的"理当如此"的假设,即空间上距离遥远的事物是相互独立存在的,那么符合我们所熟悉的认知的物理思想将是不可能的。没有这样清晰的空间分离,人们也会不清楚如何建立和验证物理定律。场论将这一原理贯彻到了极致,它建立的基础就是将独立存在的基本元素定位于无限小(四维)的空间元素,并把它作为基本定律的基础。

对于空间上相距遥远的事物(A 和 B)之相对独立性,典型的看法是:对 A 的外部影响,对 B 没有瞬时作用;这被称为"局域作用原理",仅适用于场论中。对这一基本原理的完全弃置否定了(准)封闭系统存在的观点,从而使得人们无法以熟悉的方式建立经验上可检验的定律。

Ⅲ

我现在认为量子力学的解释(根据Ⅰ节(b))与Ⅱ节的局域作用原理是不相容的。

我们考虑由两个子系统 S_1 和 S_2 组成的物理系统 S_{12}。这两个子系统在过去可能有物理上的相互作用，我们在相互作用结束的时刻 t 考察这个系统。在量子力学意义上，整个系统应通过包含两个子系统坐标 $q_1\cdots$ 和 $q_2\cdots$ 的 ψ 函数来完全描述（ψ_{12} 不能表示为 $\psi(q_1\cdots)\psi(q_2\cdots)$ 的乘积形式，而只能表示为这些乘积之和）。在时刻 t，两个子系统将会在空间上分离，只有当 $q_1\cdots$ 属于有限空间 R_1，而 $q_2\cdots$ 属于不同空间部分 R_2 时，ψ_{12} 才不为 0。

子系统 S_1 和 S_2 的 ψ 函数最初是未知的，或者根本不存在。如果在量子力学的意义上对子系统 S_1 进行了完整的测量，则可以利用量子力学的方法根据 ψ_{12} 确定 S_2 系统的 ψ_2 函数。这样就得到子系统 S_2 的 ψ 函数 ψ_2，而不是 S_{12} 系统的 ψ_{12}。

但对于以上推衍，重要的是对子系统 S_1 实施（在量子力学意义上）哪种类型的完整测量，即我们测量了哪些可观测值。例如，如果 S_1 是单个粒子，那么我们要决定是测量它的位置还是动量。根据这一选择，我们获得了 ψ_{12} 的不同表示，从而也预示之后对 S_2 的不同（统计）的测量物理量也取决于起初 S_1 的测量选择。从解释 Ⅰ 节（b）的角度来看，这就意味着，依据对 S_1 完整测量的不同选择，就建立了 S_2 的不同真实态，其本身由不同的 ψ_2、$\underline{\psi}_2$ 和 $\underline{\underline{\psi}}_2$ 等描述。

仅从量子力学的角度来看，这些测量并没有难度。根据对 S_1 测量的不同选择，会建立 S_2 不同的真实态，但是永远不需要两个或更多不同的 ψ 函数 ψ_2、$\underline{\psi}_2\cdots$ 来描述同一个系统 S_2。

但是，如果要同时遵守量子力学的原理和上述Ⅱ节中所提到的局域作用原理-在空间分离区域 R_1 和 R_2 中真实物理态是相互独立存在的，那就另当别论了。在我们的示例中，对 S_1 的完整测量代表物理干预仅涉及 R_1 区域。这样的干预对空间距离遥远的区域 R_2 没有直接影响。由此可以得出，基于对 S_1 的完整测量而做出的 S_2 的每一个描述，即使在 S_1 上没有进行任何测量时也依然必须成立。这意味着无论基于 ψ_2 或 $\underline{\psi}_2$ 等推出关于 S_2 的所有论断都同样正确。当然，当 ψ_2、$\underline{\psi}_2$ 等被认为代表 S_2 的不同真实物理态时，这是不可能的，即与 ψ 函数的Ⅰ节（b）解释相矛盾。

在我看来，那些坚持量子力学描述方式的物理学家，毫无疑问会在原则上明确地对这些考虑做出如下反应：他们会抛弃Ⅱ节提到的在空间不同部分存在的物理实在是相互独立的这一条件；而肯定地声明量子理论从没有明确使用这一条件。

我同意这一点，但请注意，当考虑所熟悉的物理现象，特别是那些通过量子力学完美解释的物理现象时，我无论如何也找不到一个可以证实必须抛弃Ⅱ节的事实存在。基于此，我倾向于相信，在Ⅰ节(a)的意义上量子力学所作的描述，将被看作对真实存在的不完备描述，之后将再次被完备而直接的描述所取代。

无论如何，在我看来，我们在寻找整个物理学的统一基础的过程中应该防范自己教条地遵循当前的理论模式。

A. 爱因斯坦

3.2 总结

如果在量子力学中，我们认为 ψ 函数(在原则上)是真实物理形态的完备描述，这也就隐含了远距离作用这一前提，但这个前提条件是很难被接受的。另一方面，如果我们认为 ψ 函数是对真实物理存在的不完备描述，那么很难相信这种不完备的描述方式经得起时间的检验。

4 EPR文章的反应和影响

可能连作者们都没有预见到,他们1935年这篇论文会对量子理论意义之争所产生的影响。令人惊讶的是,它至今仍然对这场辩论产生着影响。因此,在本章中我们有必要对其影响和反应作一历史性的陈述。出于两方面的原因,我们将特别关注玻尔对EPR工作的回复。一方面,玻尔的回复是与辩论相关的概念性困难的例证。另一方面,这是历史上对EPR工作最重要的反应,因为许多物理学家认为玻尔是量子理论领域毋庸置疑的权威。许多物理学家(即使不是大多数)毫不怀疑地追随玻尔,甚至没有真正认真地去阅读EPR文章和玻尔的原著。但正如玛拉·贝勒(Mara Beller)特别指出的,玻尔对爱因斯坦的"胜利"只是一个传说,而不是事实[17,p. 151-]。根据亚瑟·费恩(Arthur Fine)的观点,如果采纳哥本哈根学派关于量子理论诠释,"EPR佯谬"首先就是一个悖论[73,p. 4-]。我们记得,这种诠释是由海森堡特别是玻尔提出的,在1925年之后的几年里,他们自认为是哥本哈根学派关于量子理论诠释的创立者。而早在1928年,爱因斯坦在给薛定谔的一封信中就将其斥为“海森堡-玻尔镇静哲学”①。让我们先看看玻尔的这篇论文。

4.1 转载玻尔论文

Can Quantum-Mechanical Description of Physical Reality Be Considered Complete?

N. Bohr，Physical Review，Volume 48，Page 696-702，1935 年由美国物理学会出版。经许可转载 https://doi.org/10.1103/PhysRev.48.696

在本章末尾附上了对玻尔论文的中文翻译。

4.2 玻尔的回复

玻尔对 EPR 文章感到非常震惊，这从他的学生莱昂·罗森费尔德(Léon Rosenfeld)的一段简短描述可以清楚地看出来[138]：

这场猛攻犹如晴天霹雳般袭击了我们。它对玻尔的影响是显著的。……玻尔一听到我关于爱因斯坦论点的报告，就放下了手头的其他一切事务：我们必须马上消除这样的误解。我们应该以同样的例子来回答，并展示正确的描述方式。

显然，玻尔和他忠实的学生罗森费尔德对公开讨论并不感兴趣，而是更想澄清他们认为的 EPR 文章中的误解。

起初，玻尔在《**自然**》杂志上发表了篇幅只有一页的简短回应[27]。甚至在其发表的当天，薛定谔在给爱因斯坦的信中写道：“我对 7 月 13 日玻

① “海森堡-玻尔镇静哲学——还是宗教？它是如此巧妙地结合在一起，为信徒提供了一个温和的枕头，使他们不能轻易地被激怒。所以让他躺在那里吧。”(“Die Heisenberg-Bohrsche Beruhigungsphilosophie-oder Religion? -ist so feinausgeheckt, daß sie dem Gläubigen einstweilen ein sanftes Ruhekissen liefert, von dem er nicht so leicht sich aufscheuchen läßt. Also lasse man ihn liegen.”，参看冯·米恩(von Meyenn)[158，p. 459])。

尔写给《**自然**》的信感到愤怒。他只会让你感到好奇，根本不透露他在谈论什么，只是提到了一篇将在《**物理评论**》上发表的论文。”[①]玻尔在《**自然**》文章上提到的论文确实在同一天提交给了《**物理评论**》，并于 1935 年 10 月 15 日发表。玻尔的论文原文共六页，篇幅不算长，但还是比他批评的 EPR 文章长了两页。

玻尔的论文并不是一个表达清晰的好例子[②]。马拉·贝勒说出了一件滑稽的事情[16]。大多数评论家都是从惠勒和祖雷克编辑的关于量子理论基础的文集中看到这篇转载的玻尔的文章的[164]。在转载时，他把第 700 页和第 699 页颠倒了[③]，却没有人注意到。事实上，当以错误的页面顺序阅读文章时，人们并不会得到与阅读原文时明显不同的印象。作者似乎知道他的论文令人费解。他后来写道：“重读这些段落，我深深地意识到表达的效率低下，这使得很难理解论证的倾向……[④]”那么究竟是否有可能从玻尔的论文中提取出其核心信息呢？

文章引言中已经包含了玻尔认为至关重要的两点：EPR 的“物理实在判据”和玻尔提出的互补性概念。根据作者的观点，互补性的应用确保量子力学描述的完备性。尽管跟我们前面所看到的一样，“物理实在判据”在 EPR 文章中并没有发挥核心作用，玻尔仍在他的文章中专门抨击了实在判据。显然，玻尔对于 EPR 文章中“没有任何方式扰动系统”这一段尤其感到恼怒。毕竟，在建立哥本哈根学派诠释的早期版本时，必然地设定测量设备对被测系统产生了必要的干扰。这种不可避免的干扰源于海森堡关于不确定性

---

① 德文原文为“Wutgeschnaubt habe ich über N. Bohrs Naturebrief vom 13. Juli. Er macht einen *nur* neugierig, verrät nicht mit einem Wort, was er meint, und verweist auf einen Artikel, der im Physical Review kommen wird.”（参看冯·米恩(von Meyenn)[158, p. 552]）。

② 薛定谔在给玻恩的一封信中说：“著名的物理学家尼尔斯·玻尔被他的物理学家追随者们奉为‘哲学科学家’是明显高估了。”德文原文为“Der eminente Physiker Niels Bohr wird als ‘Philosopher-Scientist’ von Seiten seiner Physikerkollegen eminent überschätzt.”（参看冯·米恩(von Meyenn)[158, vol. 2, p. 665]）。

③ 参考原始文章的页码[28]。

④ 玻尔[29, p. 234]。

关系的思想实验。

正如玻尔在 1927 年索尔维会议期间的讨论中所做的那样,在论文的第一部分,他介绍了双缝衍射的例子,这与 EPR 文章几乎没有关系。在论文的第二部分,尽管玻尔接受了他们的思想实验,但他不同意他们的解释,然后用自己的解释取而代之。在第二部分同样如此,这里他的互补性概念也充分发挥了作用。1927 年在科莫期间,玻尔讨论了因果关系和时空描述的互补性,而在文章中他再将互补性应用于测量仪器。由于位置和动量的测量相互排斥,因此两者形成“互补”,无论是被测粒子的位置和动量,还是根据第一个粒子的信息计算的遥远粒子的位置与动量,都不可能同时具有实在性。玻尔写道(本书转载的论文第 700 页,其中斜体字为玻尔所写):

> **当然,会有这样的情况,在测量过程的最后一个关键阶段,不考虑被研究系统(玻尔指的是第二个遥远的粒子,C. K.)的机械干扰问题。但即使在这个阶段,本质的问题是对系统未来行为*可能预测类型起决定作用的条件的影响*。由于这些条件构成了描述可以正确地当作“物理实在”的所有现象的固有要素,我们看到,上述作者的论点并不能证明他们有关“量子力学描述本质上是不完备的”的结论。……,正是基于这种关于物理现象描述的全新情况,互补性的概念旨在予以澄清。**

显然,EPR 并没有直接声称位置和动量同时具有物理实在性,尽管从他们的论证可以推衍出这一结论。EPR 同意玻尔的观点,即第一粒子的位置和动量不能同时测量,因此第二粒子的位置与动量也不能同时计算得出。EPR 只是得出结论认为,不同的波函数可以描述同一个客体,因此用波函数描述客体并不唯一,即量子理论不完备。但玻尔根本没有提到波函数。因此,在玻尔的回复中,他忽略了 EPR 文章的重要信息。相反地,他对所讨论的情况设定了一个词——互补性。

玛拉·贝勒在她的书中仔细分析了玻尔的论文,并指出了两个相互矛盾的声音[17,第 7 章]。一个声音表达了玻尔在 EPR 文章之前的观点。根据这一观点,测量总是伴随着测量设备对被测系统的直接物理干扰。EPR

文章发表后这种观点无法维持，因为根据假设，第二个粒子不会受到干扰——至少不会受到力学干扰，正如玻尔在上述引文中所述。第二个声音表达了一种实证主义的态度。只有可以同时测量的东西才会同时具有实在性；没有独立于观察的客观实在。玻尔的余生坚持的正是第二个观点。贝勒准确地将其描述为从对系统的物理干扰转变为对系统的语义干扰——语义干扰就是上述引文中“对系统未来行为可能预测类型起决定作用的条件的影响”。

1927—1930年与爱因斯坦的讨论中，对玻尔来说，重要的是将不确定性关系应用于测量仪器。因此，测量仪器也成了一个量子力学系统。1935年后，玻尔不再持有这种观点。从那时起，他强调原子物体的性质和测量仪器的性质之间的根本区别。后者总是需要经典的描述。在贝勒看来，正是这种宏观领域中经典概念的必要性原则，构成了玻尔互补性哲学的基础。对于贝勒来说，互补性只是一种隐喻[17，p. 243-]：

互补性并不是通往量子奥秘核心的严格指引。玻尔在量子物理学和其他领域（如心理学和生物学）之间的众多类比也经不起仔细推敲。互补性并不揭示先前存在的相似性；而是创立它们。互补性通过建立新的关联来构建新的世界。这些世界是精神的、诗意的，而不是物质的。互补性并没有带来任何新的物理发现——“这只是谈论已经取得的发现的一种方式而已”（对狄拉克的采访，《量子物理学史档案》）。

贝勒正确地指出，无论从历史上还是哲学上来看，对经典概念的必要性的断言都是含糊不清的。贝勒认为，这种观点忽视了亚里士多德的直接直觉与牛顿（和爱因斯坦）物理学的抽象框架之间的巨大鸿沟。继范恩（Fine）之后，在爱因斯坦与玻尔的辩论中，玻尔更为保守，因为他绝对希望保留旧的（经典的）观念，而爱因斯坦则对这些观念进行了批判性的检验，玻尔则戴着经典眼镜观察世界[73，p. 19]。正如维泰克（Whitaker）所指出的，是互补性概念背后的假设禁止了EPR所使用的那种论点，因为可能没有考虑可供替代的测量[165，p. 1335-]。

实证主义描述中的互补性概念和描述测量仪器时经典概念的必要性构成了如今所称的哥本哈根学派诠释的核心①。这就是为什么对于哥本哈根学派诠释的追随者来说,EPR 的论证构成了这样一个严重的问题。但其他作者对 EPR 的论证也有质疑,我们将在下一节中看到。

4.3 薛定谔和纠缠

波动力学之父埃尔温·薛定谔对 EPR 提出的概念问题特别感兴趣。作为对 EPR 文章的回应,他在 1935 年和 1936 年发表了一系列文章,详细阐述了他对量子力学的观点[145-147]。在其中一篇文章的脚注中,他公开承认:"这篇作品(EPR 文章)的出现激发了当下——我或许可以说是训示或普遍的反思?②"

薛定谔在他的普遍的反思中介绍了一个概念,即现今被认为是量子理论的**核心元素——纠缠**。如果没有对纠缠系统性质的广泛讨论,像量子信息这样的现代研究领域是难以想象的。事实上,纠缠态在 1935 年之前就已经被讨论过了,例如在上面引用的席勒拉斯(Hylleraas)的著作[93,94]。

量子力学系统(如 EPR 文章中的两个粒子)之间的纠缠通常发生在这些系统相互作用的时候。组合系统的波函数不能表示为分别对应其中一个子系统的两个波函数的乘积;即使子系统之间的距离远到无法进行信息交换,这一点也不会改变。薛定谔写道:

对一个组合系统最大程度的认知不一定包括对其所有部分最大程度的认

---

① "玻尔对 EPR 的回答可以归结为所谓的量子力学的哥本哈根学派解释。"[149,p. 539];"哥本哈根学派的解释及其必然性的修辞,基于两个核心支柱——实证主义和古典概念的必要性学说。"[17,p. 205]。

② 德文原文为"Das Erscheinen dieser Arbeit[EPR,C. K.] gab den Anstoß zu dem vorliegenden-soll ich sagen Referat oder Generalbeichte?"(薛定谔[146,p. 845])。

知，即使这些部分彼此完全分离并且当时根本没有相互影响①。

根据薛定谔的说法，对一个量子力学系统最大程度的认知是由对其波函数 ψ 的认知获得的，对纠缠系统而言，波函数 ψ 指的是组合系统，而非子系统。当两个系统相互作用时，纠缠自然发生：

如果两个分离的物体，每一个都是最大程度地已知，先进入一种相互影响的状态，然后再次分离，那么就会经常发生我刚才所说的对于两个物体认知的纠缠②。

与我们今天使用的术语纠缠不同，薛定谔在这里谈到了认知的纠缠。这是由于他将波函数解释为"期望-样本"，而不是特定现实意义上可以理解的动态相关态。对于薛定谔来说，子系统的纠缠主要是概率的关系，正如他的论文[145,147]标题中所强调的那样。

EPR 文章发表后不久，薛定谔和爱因斯坦进行了频繁的书信交流。我们已经在上面讨论过这个问题(见 2.5 节)。在这些信中，薛定谔 1935 年的若干论文中的一些主题都提前被提及。最值得注意的是，信里已经包含了那个众所周知的猫的例子，就是现在所称的薛定谔猫，后来用英文也发表了，即 Schrödinger[146，p. 812]。1935 年 8 月 19 日，薛定谔在给爱因斯坦的信中写道：

认为人们可以把 ψ 函数看作是对物理实在的直接描述的阶段对我来说已经过去很久了。……一个盖格计数器被封闭在一个钢制腔室里，里面装有微量的铀，其量如此之小，以至于在接下来的一个小时内，发生和不发生一次原子衰变的概率正好一样大。一个具有放大功能的继电器使得第一次衰变就

---

① 德文原文为"Maximale Kenntnis von einem Gesamtsystem schließt nicht notwendig maximale Kenntnis aller seiner Teile ein，auch dann nicht，wenn dieselben völlig voneinander abgetrennt sind und einander zur Zeit gar nicht beeinflussen."(薛定谔[146，p. 826])。

② 德文原文为"Wenn zwei getrennte Körper，die einzeln maximal bekannt sind，in eine Situation kommen，in der sie aufeinander einwirken，und sich wieder trennen，dann kommt regelmäßig das zustande，was ich eben Verschränkung unseres Wissens um die beiden Körper nannte."(薛定谔[146，p. 827])。

会粉碎装着氰化氢的小瓶。这只猫——残忍地——也一起被困在钢制腔室里。根据整个系统的 ψ 函数，一个小时后，“天哪，请原谅这么说！（原文为拉丁文 *sit venia verbo*）”①，测到活猫和死猫的概率是相等的②。

薛定谔猫的状态是量子态的宏观叠加，表现出非经典的特点。与放射性物质耦合的例子旨在说明，将量子力学公式扩展到宏观区域时这种态是如何自然产生的。对薛定谔来说，这个思想实验验证了对 ψ 仅作为一个期望-样本的解释。只有通过退相干理论对经典极限的理解（见 5.4 节），才能说明为什么薛定谔猫的态可以对应于物理实在，这是很久以后才实现的。爱因斯坦在 1935 年 9 月 4 日写给薛定谔的信中提到了猫的例子：

至于其他的，你的猫表明，我们对当前理论特点的评价完全一致。一个既包含活猫又包含死猫的 ψ 函数不能被视为对事件真实态的描述。相反，这个例子恰恰表明，让 ψ 函数对应于一个统计系综是合理的，该系综既包含活猫的系统，也包含死猫的系统③。

爱因斯坦在后来的信件中将再次强调这一点。

---

① “Pardon the expression!”英文译自普林尼乌斯(Plinius)，书信第 5、6、46 页。

② 德文原文为“Ich bin längst über das Stadium hinaus，wo ich mir dachte，daß man die ψ-Funktion irgendwie direkt als Beschreibung der Wirklichkeit ansehen kann. [...] In einer Stahlkammer ist ein Geigerzähler eingeschlossen，der mit einer winzigen Menge Uran beschickt ist，so wenig，daß in der nächsten Stunde ebenso wahrscheinlich ein Atomzerfall zu erwarten ist wie keiner. Ein verstärkendes Relais sorgt dafür，daß der erste Atomzerfall ein Kölbchen mit Blausäure zertrümmert. Dieses und -grausamer Weise-eine Katze befinden sich auch in der Stahlkammer. Nach einer Stunde sind dann in der ψ-Funktion des Gesamtsystems，sit venia verbo，[‘Man verzeihe den Ausdruck!’] die lebende und die tote Katze zu gleichen Teilen verschmiert.”（冯·米恩(von Meyenn)[158，p. 566]）。

③ 德文原文为“Übrigens zeigt Dein Katzenbeispiel，daß wir bezüglich der Beurteilung des Charakters der gegenwärtigen Theorie völlig übereinstimmen. Eine ψ-Funktion，in welche sowohl die lebende wie die tote Katze eingeht，kann eben nicht als Beschreibung eines wirklichen Zustandes aufgefaßt werden. Dagegen weist gerade dies Beispiel darauf hin，daß es vernünftig ist，die ψ-Funktion einer statistischen Gesamtheit zuzuordnen，welche sowohl Systeme mit lebendiger Katze wie solche mit toter Katze in sich begreift.”（冯·米恩(von Meyenn)[158，p. 569]）。

现在在量子光学中，当离子或原子的相干态叠加时人们就会提到“猫态”。谢尔盖·哈罗什(Serge Haroche)(法国巴黎高等师范学院)和大卫·温兰(David Wineland)(美国博尔德国家标准与技术研究所)是这一研究领域的先驱，他们的诺贝尔讲座对此“猫态”进行了报道[84,170]①。制备这种态是关于经典极限行为的实验的重要先决条件，可参见第5.4节的进一步阐述。

爱因斯坦和薛定谔将继续讨论这些基本问题直到爱因斯坦去世，但始终没有达成共识②。对于爱因斯坦来说，ψ 函数直接描述物理实在而超出了纯粹的统计描述，是不可想象的。在他给薛定谔和玻恩的最后一封信中，他强调了叠加原理的作用以及由此产生的宏观状态的“模糊性”，这与他在EPR文章之后直接说的不同，参见Einstein[61]。1953年3月22日，爱因斯坦写信给薛定谔道：

我完全不理解一般 ψ 函数的不确定性与将其视为物理实在描述和热力学描述带来的困难之间的类比③。毕竟，量子理论的本质是 ψ 函数服从一个线性方程。这已经得到明确的安排以使得两个 ψ 函数之和再次成为 ψ 函数(解)。通过这种求和得到的所有解本身就是等同的，因此根据你的解释，它们代表了理论中被视为等同的可能的真实情况。因此，在我看来，在这样的理论中，一个系统整体上的位置和动量的“准精确度”是不可能存在的。因为具有“准精确度”的态的叠加却产生了在你的解释的意义上其真实存在为任意模糊

---

① Other experiments are concerned with “quantum-cheshire-cat”-states (Denkmayr et al. 2015). These are interference experiments with neutrons, where the system acts as if the neutron follows a trajectory different from the trajectory its magnetic moment follows. However, the interpretation of the results is still under discussion (Corrêa et al. 2014). 其他实验涉及“量子柴郡猫”态(Denkmayr 等. 2015)。这些是中子的干涉实验，该系统表现出来好像中子的轨迹与磁矩的轨迹不同，不过对研究结果的解释仍在讨论之中(Correa 等. 2014)。

② 参看冯·米恩(von Meyenn)[158]。

③ 在之前的一封信中，薛定谔通过对波动方程未出现“模糊”解和大多数系统从熵考虑不处于热力学平衡态的观测结果进行比较，作出了这个类比(参考冯·米恩(von Meyenn)[158,vol. 2,p. 677])。

的宏观系统(ψ 函数),没有人能相信这一点。我相信只有统计解释才能克服这个困难①。

大约在同一时间,爱因斯坦在给马克斯·玻恩(Max Born)的信中表达了同样的论断,玻恩和薛定谔一样,忽略了问题的实质。根据叠加原理,两个物理上合理的 ψ 函数之和再次构成物理上合理的 ψ 函数。应用这个原理,必然会产生从未观察到的"模糊"宏观状态,如薛定谔猫。爱因斯坦解释波函数的主张纯粹从统计学上提供了一种摆脱这种悖论的方法。但我们将在下文中看到,这种方法是不必要的,因为量子理论在**现实系统**中的应用使我们有可能在波函数的实在论的解释框架内来理解宏观叠加的不存在。

宏观叠加的问题也给维格纳的思想带来了沉重的负担。在他的著名论文《关于心身问题》中,他推测波函数的坍缩和从未观察到的"模糊"态只源自人类意识。他写道[168,p. 176]:"因而可以推断,对事物的量子描述受到进入我们意识中的印象的影响。"后来,在泽赫(Zeh)的著作[173]的影响下,他放弃了这一想法。泽赫在著作中表明,宏观物体由于与其所处环境不可避免的相互作用而表现出经典的行为,参见 Wigner[169,p. 240]。这种被称为退相干的现象将在关于量子理论诠释的辩论中发挥核心作用(见第 5.4 节)。

---

① 德文原文为"Die Analogie zwischen der Unschärfe der allgemeinen ψ-Funktion und der durch sie geschaffenen Schwierigkeit, die ψ-Funktion als Beschreibung der physikalischen Realität aufzufassen einerseits und der thermodynamischen Beschreibung andererseits, verstehe ich gar nicht. Der Witz der Quantentheorie liegt doch darin, daß die ψ-Funktion einer linearen Gleichung unterliegt. Dies hat man doch eigens so eingerichtet, damit die Summe zweier ψ-Lösungen wieder eine ψ-Funktion (Lösung) ist. Alle durch solche Summenbildung einheitlichen Lösungen sind an sich gleichberechtigt und stellen also im Sinne Deiner Interpretation theoretisch gleichberechtigte mögliche reale Sonderfälle dar. Deshalb erscheint es mir, daß in einer solchen Theorie die Quasi-Schärfe der Lagen und Impulse des Systems als Ganzes nicht existieren kann. Denn durch Superposition von quasi-scharfen Zuständen entstehen makroskopisch beliebig unscharfe Systeme (ψ-Funktionen), an deren physikalische Existenz im Sinne Deiner Interpretation doch kein Mensch glauben kann. Ich bin davon überzeugt, daß nur die statistische Interpretation diese Schwierigkeit überwinden kann."(冯·米恩(von Meyenn)[158,vol. 2,p. 679])。

4.4 泡利和海森堡

沃尔夫冈·泡利(Wolfgang Pauli)以他习惯性的方式回应了EPR的论文,疾言厉色。早在1935年6月15日,他就写信给海森堡:

爱因斯坦再次公开评论了量子力学,这一次是在5月15日的《物理评论》(与波多尔斯基和罗森一起——顺便说,他们都不是好伙伴)。众所周知,这种评论每次发生都是一场灾难。"因为——他强势地得出结论——这个不应该,那个不可能。"(摩根斯坦)

不过至少我想向他承认,如果一个本科生带着这样的反对意见来找我,我会认为他很聪明,很有前途。由于这篇文章有可能混淆视听,即美国的公众舆论,我建议您回复《物理评论》,这是我希望鼓励您做的①。

就泡利而言,量子力学的诠释只是教学水平的问题。在信中,他从根本上抨击了EPR关于可分性的假设。因为,根据泡利的说法,只有当你处理一个非常特殊的态,即一个与子系统相关的直积态时,你才能假设这一点。因此,当你忽视这一点而去设想一个未测量系统的"隐藏属性"时,你会遇到矛盾,这并不奇怪。在上面引用的信件摘录中,泡利鼓励海森堡发表文章对EPR文章进行反驳,以澄清这些问题。

海森堡愿意写这样一篇反驳文章。在1935年7月2日回复泡利时,他

---

① 德文原文为"Einstein hat sich wieder einmal zur Quantenmechanik öffentlich geäußert und zwar im Heft des Physical Review vom 15. Mai (gemeinsam mit Podolsky und Rosen-keine gute Kompanie übrigens). Bekanntlich ist das jedes Mal eine Katastrophe, wenn es geschieht. 'Weil, so schließt er messerscharf-nicht sein kann, was nicht sein darf.' (Morgenstern). Immerhin möchte ich ihm zugestehen, daß ich, wenn mir ein Student in jüngeren Semestern solche Einwände machen würde, diesen für ganz intelligent und hoffnungsvoll halten würde. -Da durch die Publikation eine gewisse Gefahr einer Verwirrung der öffentlichen Meinung-namentlich in Amerika-besteht, so wäre es vielleicht angezeigt, eine Erwiderung darauf ans Physical Review zu schicken, wozu ich Dir gerne zureden möchte." (Pauli[128, p. 402])。

提到玻尔计划了一个针对 EPR 问题的解答方案，但其答案内容却与他自己的观点大相径庭[128，p. 407]。在 1935 年的暑假里，海森堡写了一份手稿，寄给了他的一些同事(其中包括玻尔)。然而，他从未发表过这篇论文，可能是因为在此期间，对 EPR 文章的大量回应已经发表。手稿的标题是"量子力学可能是确定性完备的吗?"。这篇手稿在他身后才发表，见 Pauli[128，p. 409-418][①]。

这份手稿的标题已经突出了海森堡的意图，即专注于在 EPR 文章中起核心作用的观点：量子理论的不完备。他进而表明，这种确定性的完备是不可能的，即与量子力学实验上的成功相矛盾。海森堡强调波函数是在更高维度的位形空间中定义的，而观测是在空间和时间中发生的。因此，他追问道："我们应该在什么地方切割出波函数描述和经典清晰描述之间的界线?[②]"他的答案是："量子力学对任意实验结果的预测与刚才讨论的切割位置无关。[③]"因此，海森堡切割(后来命名)的位置在某种程度上是任意的。只是，切割位置必须远离待测系统，以避免与系统观测到的量子特性发生冲突，例如干涉。

之后海森堡总结如下。假设存在着隐变量，它描述了超越切割的时间演变。在切割之处，并且只有在那里，隐变量应该包含从波函数描述到统计描述的转换。海森堡说，这是不可能的，因为切割的位置是任意的。巴希雅加卢皮(Bacciagaluppi)和克卢尔(Crull)[5]提到，海森堡在此手稿之前就反对隐变量的概念，因为它们的存在会与观测到的量子力学干涉现象相矛盾。

在给泡利的信中，海森堡提到了哲学家格雷特·赫尔曼(Grete Hermann，

① 对本手稿的更多研究可以在巴希雅加卢皮(Bacciagaluppi)和克卢尔(Crull)[5]中找到。

② 德文原文为"An welcher Stelle soll der Schnitt zwischen der Beschreibung durch Wellenfunktionen und der klassisch-anschaulichen Beschreibung gezogen werden?"(Pauli[128，p. 411])。

③ 德文原文为"Die quantenmechanischen Voraussagen über den Ausgang irgendeines Experimentes sind unabhängig von der Lage des besprochenen Schnitts."。

1901—1984)关于量子力学不完备性的一篇文章。在此文中赫尔曼揭示了冯·诺依曼(von Neumann)对于隐变量不存在的证明中的循环性[90]①。这将在下面进一步讨论。

4.5 更多早期回应

可能对 EPR 文章最早公开回应的是美国物理学家埃德温·凯布尔(Edwin C. Kemble,1889—1984),参见 Kemble[102]。薛定谔写道[158,p. 551-]:“我最不理解的是凯布尔在 6 月 15 日的《**物理评论**》上发表的论文——他甚至没有提及究竟是什么让我们头疼。就像有人在说:芝加哥很冷,而另一位回答:这是一个错误的结论,佛罗里达很热。”的确,凯布尔的批判没有抓住 EPR 文章的重点。他只是声称,仅仅对波函数进行统计解释就足以避免悖论。显然,爱因斯坦已经得出了这个结论,但不准备接受一个简单的统计解释(即没有解释基本物理对象的集合体),因此才得出了理论的不完整性的结论。

相比之下,美国物理学家亚瑟·鲁瓦克(Arthur E. Ruark,1899—1979)在回应中使用了另一种实在性的判据[139]。根据他的判据,物理系统的物理属性只有在被测量时才具有实在性。在这方面,他的立场与玻尔的立场相近,然而,那时玻尔的文章尚未发表。鲁瓦克得出了一个有点含糊其辞的结论:鉴于目前的知识,人们是不可能做出决定的,因为人们不知道哪个标准更有意义。

另一位美国物理学家温德尔·福瑞(Wendell H. Furry,1907—1984)在回应中站在了玻尔一边,但在他的论证中使用了波函数[75]。他提出了一个“假设 A”,根据这个假设,当一个系统与另一个系统相互作用时,并不确然地

① 赫尔曼[89]是这篇文章的摘录。欲了解更多关于格雷特·赫尔曼的作品的信息可参考索勒(Soler)[151]。

演化成具有确定波函数的状态。在相互作用之后，整个系统由两个波函数的乘积表示(一个用于第一个系统，一个用于第二个系统)。这种分离是在没有测量的情况下发生的，因此与测量期间波函数的所谓坍缩无关，而坍塌应该依照某个已定概率使测量得出某个特定的态。随后，福瑞明确表示他的假设 A 与薛定谔方程相矛盾。在对论文[76]的简短补充中，福瑞评论了薛定谔在此同时发表的文章[145,146]。福瑞强调，虽然薛定谔的数学方法与他自己的相似，但他得出了相反的结论。薛定谔拒绝了假设 A，加入 EPR 的实在判据。福瑞评论说[76]：

因此，毫无疑问，让量子力学要求我们以实在性为原则是不恰当的。

从这一点可以看出，他指的是 EPR 对局域实在性的判据。因为：

当我们试图收集其中一个粒子时，无论这些粒子相距多远，在不同地方找到它的相对概率都受到截面中“干涉项”的强烈影响；它不是真正的“自由”。

与此相反，薛定谔作出的结论是量子理论的不完备性，但与 EPR 不同；他认为更大的问题在于，该理论只允许在“精确定义的时间”内进行预测①。但福瑞发现了关键点：量子理论所描述的实在性是非局域的。波姆和阿哈罗诺夫[25]提到了一个与福瑞的假设 A 相矛盾的实际实验(参见 Whitaker[166，p. 155-])。因此，假设 A 无法解决 EPR 提出的问题；两个子系统相互作用后的纠缠是真实的。

① “scharf bestimmte Zeitpunkte”[146，p. 848].

物理实在的量子力学描述可以认为是完备的吗?

N. 玻尔,理论物理研究所,哥本哈根大学

(1935年7月13日接收)

最近,A. 爱因斯坦、B. 波多尔斯基和N. 罗森撰写了一篇上述标题的文章,阐述了一个“物理实在的判据”。本文的研究表明,在应用于量子现象时,这个判据存在根本性的模糊。为此,这里给出了一种称为“互补性”观点的解释。从这个观点出发,对物理现象的量子力学描述似乎在其范围内满足了完备性的所有合理要求。

在最近的一篇同样标题的文章中,A. 爱因斯坦、B. 波多尔斯基和N. 罗森提出了一些论点,使他们对讨论的这个问题给出了否定的答案。然而,在我看来,他们的论证的趋向并不足以满足我们在原子物理学中所面临的实际情况。因此,我将很高兴利用这个机会更详细地解释一个我以前在各种场合中曾指出的普遍观点,俗称为“互补性”。从这个观点来看,量子力学在其范围内似乎是对物理现象,例如我们在原子过程中遇到的现象的一种完全合理的描述。

当然,“物理实在”这一表述的明确含义不能从先验的哲学概念中推导得出,但正如文章作者自己所强调的那样,它必须建立在对实验和测量的直接诉求上。为此,他们提出了一个“实在判据”,其表述如下:“如果在不以任何方式干扰系统的情况下,我们可以确定地预测一个物理量的值,那么就存在一个与这个物理量相对应的物理实在的基本元素。”通过一个有趣的例子,他们接着展示,在量子力学中,就像在经典力学中一样,在适当的条件下,完全可以通过对先前与所研究系统交互作用的其他系统进行的测量,预测适合于描述这个力学系统的任何给定变量的值。根据他们的判据,作者希望赋予由这些变量表示的每个量一个实在要素。此外,由于量子力学现有表述形式的一个众

所周知的特点，即在描述一个力学系统的态时，永远不可能给两个正则共轭的变量都赋予确定的值，因此他们认为这种形式是不完备的，并表示相信可以发展出更令人满意的理论。

然而，这样的论证似乎很难影响量子力学描述的可靠性，因为量子力学描述基于一种合乎逻辑的数学形式，自动涵盖了包括他们文中所示的任何测量过程①。事实上这种表观矛盾仅揭示了自然哲学的传统观点在解释量子力学所关注的这种类型的物理现象时在本质上的不足。的确，量子作用的存在所导致的**物体和测量机构之间的有限相互作用**使得我们需要，由于不可能控制物体在测量仪器上的反应，对经典因果论做最后的放弃，并合理地修正我们对于物理实在认识上的态度。而事实上，正如我们将看到的那样，由这些作者们提出的实在判据——无论其表述显得多么谨慎——在应用于我们所关注的实际问题时，包含了一种根本性的含混不清。为了尽可能清楚地说明这一点，我将首先比较详细地考虑几个测量装置的简单示例。

让我们从粒子穿过光阑中的一条狭缝这个简单的例子开始，这可能是更

---

① 在这方面，本文中所包含的推论可以被认为是量子力学变换定理的直接结果，它可能比形式主义的任何其他特征更有助于确保其数学完备性和与经典力学的理性对应。事实上，在描述由两个分系统(1)和(2)组成的力学系统时，与系统(1)和(2)相关的任意两对标准共轭变量$(q_1 p_1)(q_2 p_2)$，并满足通常的对易规则

$$[q_1 p_1] = [q_2 p_2] = \mathrm{i}h/2\pi,$$
$$[q_1 q_2] = [p_1 p_2] = [q_1 p_2] = [q_2 p_1] = 0,$$

总是可以分别替换为两对新的共轭变量$(Q_1 P_1)(Q_2 P_2)$，它们通过一个简单的正交变换与第一个变量相关，这种正交变换对应于平面$(q_1 p_1)(q_2 p_2)$上角度θ的旋转：

$$q_1 = Q_1\cos\theta - Q_2\sin\theta \quad p_1 = P_1\cos\theta - P_2\sin\theta$$
$$q_2 = Q_1\sin\theta + Q_2\cos\theta \quad p_2 = P_1\sin\theta + P_2\cos\theta$$

因为这些变量将满足类似的对易规则，特别是

$$[Q_1 P_1] = \mathrm{i}h/2\pi, \quad [Q_1 P_2] = 0,$$

由此可见，在描述组合系统的状态时，不能同时给Q_1和P_1分配确定的数值，但我们可以清楚地将这些值分配给Q_1和P_2。在这种情况下，由这些变量的包含$(q_1 p_1)$和$(q_2 p_2)$的表达式，即

$$Q_1 = q_1\cos\theta + q_2\sin\theta, \quad P_2 = -p_1\sin\theta + p_2\cos\theta$$

进一步推知，随后对q_2或p_2的测量将使得我们分别预测q_1或p_1的值。

复杂或更简单的实验装置的一部分。即使在粒子撞击光阑之前,其动量完全已知,而代表粒子状态的平面波经狭缝会发生衍射,这意味着粒子动量的不确定性。狭缝越窄,粒子动量的不确定性越大。现在,无论如何,如果缝隙的宽度与波长相比仍然较大,那么缝隙的宽度可以被视为粒子在垂直于缝隙的方向上相对于光阑位置的不确定性 Δq。此外,从德布罗意的动量和波长之间的关系可以简单地看出,借助海森堡的一般原理,粒子在这个方向上的动量的不确定性 Δp 与 Δq 有关

$$\Delta p \Delta q \sim h$$

这是量子力学表述中任何一对共轭变量的对易关系的直接结果。显然,不确定度 Δp 与粒子和光阑之间动量交换的可能性密不可分。现在,我们的讨论所关注的主要问题是,在描述相关实验装置所研究的现象时,可以在多大程度上考虑这样交换的动量,其中粒子通过狭缝可以被视为初始阶段。

让我们首先假设,参考电子衍射这种显著现象的通常实验,光阑和装置的其他部分一样,比如说有若干个平行于第一个狭缝的若干狭缝的第二个光阑,以及被刚性地固定在一个可以定义空间参考系的支架上的成像底板。然后,粒子和光阑之间交换的动量,连同粒子对其他物体上的反作用,将一起传递到这个共同的支架上。因此,我们人为杜绝了在预测实验最终结果时把这些反作用分别处理的任何可能性——比如粒子在成像底板上产生的斑点的位置。无法对粒子和测量仪器之间的相互作用进行详细分析,这确实使所描述的实验程序并无特殊之处,但这是任何适合于研究相关类型现象的装置的一个基本属性,此时我们必须注意这种与经典物理学完全不同的**个性**特征。事实上,考虑到粒子和装置的独立部件之间动量交换的任何可能性都会立即让我们得出关于这个现象的"路径"的结论,比如说粒子在到达成像底板的过程中通过第二个光阑的哪个特定狭缝——但这与以下事实完全不相容:粒子到达底板上给定单位面积的概率与任何特定狭缝的存在无关,而是取决于从第一光阑狭缝衍射出的光波所能到达的第二光阑的所有狭缝的位置。

通过另一种实验装置，其中第一个光阑和装置的其他部分没有刚性连接，至少理论上[①]可能以任何期望的精度测量光阑在粒子通过前后的动量，并以此预测穿过狭缝之后的粒子的动量。事实上，这样的动量测量只需要经典动量守恒定律的明确应用，例如应用于光阑与一些被测物之间的碰撞过程，被测物的动量在碰撞发生前后都被适当地控制。确实，这样的控制本质上取决于对经典力学定律适用的空间-时间进程中某些过程的检测；然而，如果所有的空间维度和时间间隔都足够大，这显然不会涉及对被测物之动量精准控制的任何限制，但只是会放弃对被测物时空坐标的精准控制。这最后的情况实际上很类似于放弃对以上讨论的实验装置中的固定光阑的动量控制，并最终依赖于对测量仪器的纯粹经典解读的要求，这意味着在我们对这些仪器的描述中，必须允许对于量子力学不确定性关系的平行对应。

然而，所考虑的两个实验装置的主要区别是，对于适于控制第一个光阑动量的装置，该光阑不再可以用作与前一种情况相同目的的测量仪器，但像穿过狭缝的粒子一样，必须将它相对于装置其他部分的位置作为研究对象，其意义在于有关其位置和动量的量子力学不确定性关系必须明确考虑在内了。事实上，就算我们知道光阑在第一次对它进行动量测量之前相对于空间体系的位置，甚至可以精确确定最后测量之后它的位置，但考虑到光阑在每次和被测物碰撞过程中的位移不可控，我们无法得知当粒子通过狭缝时它的位置。因此，整个装置显然不适合研究与前一种情况相同的现象。特别地，可以证明，如果测量光阑的动量的精度足以得出粒子通过第二光阑之选定狭缝的明确信息，那么即使与此信息相容的第一光阑位置的最小不确定性也意味着消除任何干涉效应——考虑粒子在成像底板上的允许影响区域——这里的干涉效应是指如果所有设备的位置相对固定，那第二光阑中多个缝隙的存在将会产生的效应。

---

① 利用我们掌握的实验技术，显然不可能实际上执行此处和下文所讨论的这样的实验测量程序，但这显然不影响理论论证，因为这个问题的过程本质上和如康普顿效应这样的原子过程相当，在此过程中动量守恒定理的相应应用已很好地成立。

对于适合测量第一光阑动量的装置，进一步可以明确，即使我们在粒子通过狭缝之前测量这个动量，在粒子通过后我们仍然可**自由选择**究竟希望知道粒子的动量，还是它相对于其余的设备的初始位置。在第一种情况下，我们只需要对光阑的动量进行第二次测定，而它在粒子通过时的确切位置则成为永久未知量。在第二种情况中，我们只需要确定它相对于空间参考系的位置，从而不可避免地无法得知关于光阑和粒子之间动量交换的信息。如果与粒子相比，光阑有足够大的质量，我们甚至可以这样安排测量的过程：在光阑的动量被第一次确定后，它将在一些相对于仪器的其他部分来说未知的位置上保持静止，因此这个位置的后续确定，可能简单地基于光阑和公共支撑件之间的刚性连接。

我重复这些简单且本质上众所周知的想法的主要目的在于强调，对于关注的现象，我们做出的不是任意挑选出物理实在的不同要素而以牺牲其他要素为代价的不完备的描述，而是理性地区分本质上不同的实验装置和过程，确定其是适于空间位置概念的明确应用，还是适于动量守恒定理的合理应用。任何其余的随意性的出现都仅仅涉及我们使用实验工具的自由，这是实验之基本理念的特征。事实上，放弃每个实验装置对物理现象描述的两方面中任意一方面——两方面的结合是经典物理方法的特征，并因此在这个意义上可以被认为是彼此互补的——本质的原因在于在量子理论领域精确控制物体对测量仪器的反作用是不可能的，比如位置测量情况下的动量转移，和动量测量情况下的位移变化。就在最后这方面，量子力学和普通统计力学之间的任何比较——尽管后者也许对理论的形式表述有用——本质上是没有意义的。的确，我们的每一种实验装置中都适合研究适当的量子现象，这不纯粹是对某些物理量的忽略，而且是因为不可能明确地定义这些量。

上述说法同样适用于前文已经提到过的爱因斯坦、波多尔斯基和罗森处理的特殊问题，其与上面讨论的简单例子相比，实际上没有涉及任何更复杂的问题。具有清晰的数学表达式的两个自由粒子的特殊量子力学态，至少在原则上，可以由一个简单的实验装置复制，它包括有两个平行狭缝的刚性光阑，狭缝宽度与缝间距离相比也很窄，每个狭缝都有给定初始动量的一个粒子独立于另一粒子穿过。如果这个光阑的动量在粒子通过之前和之后都精确测量，我们实际上将知道垂直于两个穿透粒子动量的分量之和，以及它们在同一方向上的初始位置坐标之差；而其共轭量，即它们动量分量之差，和它们的位置坐标之和，却是完全未知的[①]。因此可以明确，在这种装置中，至少在单粒子自由运动对应的波长通常比狭缝的宽度值短的情况下，随后对其中一个粒子的位置或动量的单一测量，将自动以任意期望的精度分别确定另一粒子的位置或动量。正如上述作者所指出的那样，我们因此面临的是一个可以完全自由选择的阶段，无论我们是否想通过不直接干扰所关注粒子的过程来确定该粒子的某个或另一个量。

就像上面的简单的例子中在预测单个粒子通过光阑上狭缝后的位置或动量的适合的实验程序之间的选择，我们在上述装置中也有"选择自由"，只是涉及允许**明确地使用互补的经典概念的不同实验程序的区别**。事实上，测量其中一个粒子的位置仅仅意味着建立它的行为和一些刚性固定在定义空间参考系的支撑物上的仪器之间的相关性。因此，在所描述的实验条件下，这样的测量也将使我们知道，当粒子穿过狭缝时，本来是完全未知的光阑相对于这个空间参考系的位置。

事实上，只有通过这种方式，我们才能得到关于其他粒子相对于仪器的其他部分的初始位置的结论的基础。然而，由于允许一个本质上不可控的动量从第一个粒子转移到上述支撑件，我们通过这个过程阻断了把动量守恒定律应用于光阑和两个粒子组成的系统的未来可能性，并因此失去了将动量概念明确应用于预测第二个粒子的行为的唯一基础。相反，如果我们选择测量其中一个粒子的动量，由于在这个测量中不可避免的不可控位移，我们将失去从

---

① 可以看到，如果$(q_1p_1)(q_2p_2)$对应于两个粒子位置坐标和动量分量，以及$\theta=-\pi/4$，那么除了一个无关紧要的归一化因子外，这个描述正好完全对应于前面脚注中这些变量的变换。还可以注意的是，由所引文章中公式(9)给出的波函数，对应于$P_2=0$的特殊选择和两个无限窄缝的极限情况。

这个粒子的行为推断光阑相对于仪器其他部分的位置的任何可能，因此没有任何基础预测关于另一个粒子的位置。

从我们的角度来看，现在可以看到，爱因斯坦、波多尔斯基和罗森提出的上述物理实在判据的措辞中关于“没有任何方式干扰系统”的表述意思是含混不清的。当然，在刚刚考虑的这一类情况中，我们在测量程序的最后一个关键阶段并不考虑系统的机械干扰的问题。但即使在这个阶段，对于**确定关于系统未来行为的可能预测类型之条件的影响**仍是关键问题。由于这些条件构成了可以对恰当地冠以“物理实在”的任何现象的描述之内在因素，我们看到，上述作者们的论证并不能证明他们关于量子力学描述本质上是不完备的结论。相反，如同前面的讨论中所呈现的那样，这个表述可以认为是对测量的可以明确解释的所有可能性的合理的利用，并与量子理论领域中物体和测量仪器之间有限而不可控的相互作用相一致。事实上，只有允许对互补物理量做出明确定义的任何两个实验程序的相互排斥，才能为新的物理定律提供空间，虽然这些物理定律的并存乍一看可能与科学的基本原理不可调和。而以表征为目的的**互补性**这个概念正是描述物理现象的一个全新状况。

迄今为止所讨论的实验装置呈现了一种特殊的简单性，因为在描述相关现象时，时间的概念只扮演了次要作用。的确，我们已经频繁地使用了“之前”“之后”这些词来表明时间关系；但在每种情况下，都必须考虑到这种不准确量。然而，只要与所研究现象作详细分析时所需的合适周期相比，所涉及的时间间隔足够大，这种不准确量并不重要。一旦我们试图对量子现象进行更准确的时间描述，就会遇到一些众所周知的新悖论，而为澄清这些悖论，就必须将物体和测量仪器之间相互作用的更多特征考虑在内。事实上，在这种现象中，我们对本质上各部分相对静止的仪器不需要进行处理，而是要处理包含运动部件的装置——比如光阑狭缝前的快门——由机械装置定时进行控制。因此，除了上面讨论的物体和定义空间参照体系的框架之间的动量转移之外，在这种装置中，我们还必须考虑物体和这些类似时钟的机械装置之间的最终能量交换。

现在量子理论中关于时间测量的决定性观点完全类似于上面关于位置测量的争论。正如向仪器的独立部件的动量转移——描述现象所需要的相对位置信息——已经被认为是完全不可控制的，而装置之各部分为实现预期用途而作的相关运动所引起的与各种物体之间的能量交换，将对任何细致分析带来困难。确实，**控制能量进入时钟而不干扰它们的计时应用在理论上是不可能实现的**。这种计时应用实际上完全依赖于对每个时钟功能的假设的可能性，以及根据经典物理学方法与其他时钟的最终比较。因此，在这个解释中，显然我们必须考虑到给予能量平衡一定的宽容度，对应于共轭时间和能量变量的量子力学不确定性关系。就像在上面讨论的关于量子理论中对位置和动量的概念的任何明确应用的相互排斥性一样，一方面是原子现象的所有详细的时序解释，另一方面是由原子反应之能量转移的研究所揭示的原子的内在稳定性的非经典特征，这种情况的最终宿主，必然是两者成为互补性关系。

在每一种实验装置中，区分物理系统部件是作为测量仪器还是构成被研究对象的必要性，确实可以说形成了**对物理现象的经典描述和量子力学解释的主要区别**。的确，在这两种测量程序中，在何处进行这种区分在很大程度上取决于方便与否。然而，在经典物理学中，对测量对象和测量机构的区分不会对关注的物理现象的描述带来任何本质上的不同，而正如我们看到的，在量子理论中其基本重要性在于它根植于使用经典概念解释所有适当测量之不可或缺的应用，即使在原子物理学中经典理论不能满足我们所涉及的新规律。根据这种情况，对量子力学的符号不可能有任何其他明确解释，对它的诠释只能体现在众所周知的规则中，这些规则可以去预测由完全经典方式描述的给定的实验装置测得的结果，并通过已经提到过的变换定理建立它们的基本表达方式。通过确保它与经典理论的适当对应，这些定理特别排除了量子力学描述中与区分测量对象和测量机构的位置的变化有关的任何可想象的不一致之处。事实上，这是上述论证的一个明显的推论，即在每个实验装置和测量程序中，我们只能在一个区域内对区分位置进行自由选择，在这个区域内有关过程的量子力学描述是有效地等同于经典描述的。

在结束之前,我仍然想强调从广义相对论中得到的伟大教训对量子理论领域的物理实在问题的影响。事实上,尽管有所有的特征差异,我们在这些经典理论的推广中所关注的情况却呈现出了经常被注意到的惊人的类似。特别是刚刚讨论过的测量仪器在量子现象解释中的特殊地位,非常类似于众所周知的相对论维持对所有测量过程的普通描述,包括明确区分空间和时间坐标的必要性,尽管这个理论的本质是建立新的物理定律,并且在对它的理解方面,我们必须放弃传统的空间和时间分割①。

在相对论中所有的尺度和时钟的读取对参考系统的依赖,甚至可能与本质上无法可控的动量或能量之间的交换进行类比,该交换发生在测量对象和所有定义时空参考系的仪器之间,这种交换使得在量子理论中我们面对以互补性概念表征的情况。事实上,自然哲学的这一新特征意味着我们对我们关于物理实在的态度的彻底修正,这可能与广义相对论所带来的所有关于物理现象的绝对性观念的基本修正予以类比。

---

① 正是在这种情况下,加上量子力学的不确定性关系的相对论不变性,确保了本文中所概述的论证与相对论的所有必要需求之间的兼容性。这个问题将在一篇正在准备的文章中作更详细的处理,在此文章中作者还将特别讨论一个由爱因斯坦提出的关于引力理论的能量测量应用的非常有趣的悖论,这一悖论的解决方案为互补性论点的普遍性提供了一个非常有启发性的例证。在同一场合,所有必要的数学推导和实验装置的图表将给出对量子理论中时空测量的更彻底的讨论,但这些在本文中不得不忽略,而主要致力于所讨论问题的逻辑论证方面。

5　进一步的发展

爱因斯坦、波多尔斯基和罗森得出结论，量子力学必定是不完备的。这显然引出了一个如何完备它的问题，尤其引出了比如同时确定粒子位置和动量的“隐变量”问题。

早于 EPR 文章发表的三年前，约翰・冯・诺依曼(John von Neumann)就在他著名的教材[159，p. 109]中提出了隐变量的问题，但 EPR 并未提及。在他的书的第 5 章中，冯・诺依曼给出了隐变量不可能存在的证明。目前尚不清楚 EPR 是否知道这一证明，也不知道如果他们知道了这个证明①，是否就不写这篇论文了。

后来，几位物理学家发现了冯・诺依曼证明中的一个重要缺陷，其中约翰・贝尔的贡献最为重要(见 5.2 节)。我们在讲述海森堡在对 EPR 文章的回应中提到，早在 1935 年，格雷特・赫尔曼(Grete Hermann)就已经指出了这个缺陷，就是冯・诺依曼对期望值所做的线性假设。这个假设对于量子

① 无论如何，1938 年爱因斯坦似乎已经知道了冯・诺依曼的证明，参见 Maudlin[117，p. 20]。

力学是有效的，但在包含隐变量的理论中，它既无必要，在一般情况下也无效。因此，赫尔曼对冯·诺依曼关于隐变量不可能存在的证明不以为然，她甚至谈到了循环论证（见赫尔曼[90，p. 99-102]）。在相应章节的末尾，赫尔曼写道：

但要考虑到，这样一个关键的物理问题，即一项进展中的物理研究能否实现比今天更精确的预测，不能转化为一个绝对不是等价的数学问题，即这种进展能否仅通过量子力学算符计算来表征①。

格蕾特·赫尔曼是一位哲学家，她自认沉湎于伊曼纽尔·康德的哲学传统。她无法接受，在量子力学中，除了纯粹的统计解释之外，就不能给出单个放射性衰变的原因。这就是为什么她对冯·诺依曼的证明感兴趣，并非常满意地发现了其中的缺陷。她在莱比锡与海森堡和卡尔·弗里德里希·冯·魏茨泽克多次讨论了这个问题。海森堡在他的自传《德尔·泰勒和达斯·甘茨》中对这些讨论进行了生动的描述[88，p. 163-173]。

一个包含隐变量的理论，绕过了冯·诺依曼的证明，这就是玻姆的理论。这个理论是下一节要讲的。

5.1 玻姆的理论

玻姆在他的量子力学教程中提出了 EPR 实验的简化版本，其中使用两个自旋为 1/2 的粒子[21]。他拒绝了 EPR 关于量子力学不完备的结论，因为在他看来，局部实在性的假设与量子理论有矛盾②。

然而，玻姆也对当时普遍认同的（哥本哈根学派）量子理论观点不满意。

---

① 德语原文为"Aber mit dieser Überlegung kann die entscheidende physikalische Frage，ob die fortschreitende physikalische Forschung zu genaueren Vorausberechnungen gelangen kann，als sie heute möglich ist，nicht in die keineswegs gleichwertige mathematische Frage umgebogen werden，ob eine solche Entwicklung allein mit den Mitteln des quantenmechanischen Operatorenkalküls darstellbar wäre."。

② 有关玻姆的科学背景的详细信息，请参见 Pauli[130，p. 340-343]。

在一次采访中，他曾说过（参见 Pauli[130，p. 341]）：

我写了一本叫《量子理论》的书，试图从玻尔的观点理解量子理论。写完之后，我对于这个理解不满意，于是我就再看一遍。

“再看一遍”让玻姆提出了一种新的解释[22，23]①。严格地说，他不仅发展了一种新的解释，而且发展了一个新的理论。尽管这一理论未触及波函数，它却引入了新的“隐藏”变量。与玻姆的非局域实在性假设一致，这些变量非局域地起作用。

玻姆在两篇论文[22，23]中给出了他的新解释。在第一篇论文的引言中，玻姆强调[22，p. 166]：

大多数物理学家认为，爱因斯坦提出的反对意见没有价值。首先，因为量子理论的现有形式及其寻常的概率解释与极为广泛的实验非常吻合，至少在大于 10^{-13}cm 的尺度上。其次，也因为尚未提出一致的替代解释。故，本文……的目的是提出这样一种替代解释。

上面提到的 10^{-13}cm 是核物理的尺度。当时普遍认为量子力学在更小的尺度上不能成立。玻姆认为他的理论仅在大于 10^{-13}cm 的尺度上等同于量子力学，在较小的尺度上偏离量子力学。

如果抛开场，只考虑对粒子的描述，玻姆的附加变量是粒子的位置，例如电子的位置②。粒子位置的动力学描述完全由满足薛定谔方程的波函数 ψ 决定，因此，与位置相关的粒子速度不能自由选择，也只能由 ψ 确定，这与牛顿力学完全不同。这样，通常从 ψ 计算出的量子力学概率变成经典统计意义上的概率，却不能给出粒子位置的任何具体信息。

在第二篇论文中，玻姆对测量过程进行了详细分析③。玻姆宣称，冯·诺

---

① 也许，玻姆与爱因斯坦就此话题的讨论是玻姆工作的决定性诱因，参见 Maudlin[117，p. 21]。

② 因为在实验中，人们更倾向于观察粒子的位置，而不是它们的波函数，贝尔建议将这些变量称为暴露变量，而不是隐藏变量[15，p. 128]。

③ 杜尔（Dürr）对玻姆理论进行了广泛的研究[50]。

依曼否定隐变量存在的证明与他的理论没有关联。根据玻姆的说法,这是由于隐变量依赖于系统也依赖于测量仪器,是所谓的“交互情形”(*contextual situation*),这样的变量称为是“交互”的。与此相反的是,“非交互”情形,其中的变量仅依赖于系统本身,而与系统有交互作用的自由度无关。贝尔后来评判说,玻姆对冯·诺依曼证明的批评是模糊和不精确的,并且鲜明地给出了他自己的看法[12]。

玻姆的想法并不新鲜。20 世纪 20 年代,路易斯·德布罗意(Louis de Broglie)提出了一种导波理论,该理论与玻姆后来的理论有许多相似之处,并且似乎一开始也对爱因斯坦很有吸引力(参见 Einstein[56])(见 1.3 节)。德布罗意在 1927 年索尔维会议期间,受到泡利的严厉批评后,放弃了自己的想法。但在玻姆的论文发表后,德布罗意又重提这个想法。在给《玻恩纪念文集》的撰文中,德布罗意解释了他在理论上的这个回归,并与爱因斯坦关于粒子是场的奇点的观点建立了有趣的联系[44]。也是在这个文集里,玻姆和爱因斯坦在这个主题上的撰文相互参考[24,61]。爱因斯坦在给玻恩的一封信中评述了他自己的贡献:

为了献给你的纪念文集,我写了一首关于物理学的小儿歌,这让玻姆和德布罗意有点吃惊①。

当时,爱因斯坦不再偏爱德布罗意的导波理论,当然对玻姆的理论也是如此。这并不奇怪,因为这两种理论都明确地与爱因斯坦假设的局域性相抵触。

玻姆本人发现,与德布罗意相比,他的想法带来的最大进步是[22,p. 167]:

这样做的关键新步骤,是在测量过程本身的理论以及所观察系统的描述中应用我们的解释。

他对这一点的详尽阐述可以在他第二篇论文的附录 B 中找到[23],其中

---

① 德文原文为“Ich habe für den Dir zugedachten Festband ein physikalisches Kinderliedchen geschrieben, das Bohm und de Broglie ein bißchen aufgescheucht hat.”(Einstein et al.[69,p. 266],English translation taken from Born, M.(1971),The Born-Einstein Letters,Macmillan.)。

还包括对罗森解释的评论[136]，罗森的解释也显示出类似的特征。

玻姆(和德布罗意)理论的正式起点是如下形式的波函数：

$$\psi = R\exp\left(\frac{\mathrm{i}S}{\hbar}\right) \tag{5.1}$$

这样，薛定谔方程可以分解为振幅 R 方程和相位 S 方程。相位方程类似于经典力学的哈密顿-雅可比方程，但包含一个附加项，玻姆称之为量子势，由式(5.1)所示的波函数决定①。量子势的存在导致粒子在无法直观理解的轨道上以非局域的方式被波函数“引导”。举两个例子：由于粒子的速度由波函数的相位决定，波函数是实函数的氢原子基态电子，因此它处于静止状态；在一个双缝实验中，粒子并没有穿过它正在射向的缝，而是穿过了另一个缝。

由式(5.1)导出量子势的精确表达式为

$$Q = -\frac{\hbar^2}{2m}\frac{\nabla^2 R}{R} \tag{5.2}$$

其中 m 是粒子质量。显然，对 R 作等比例因子 λ 的缩放变换，亦即令 $R \to \lambda R$，Q 是不变的，这再次凸显 ψ 不能是经典场。

玻姆在他第二篇论文的第 8 章中讨论了 EPR 情形，使用 EPR 的原始波函数，而不是他自己书中使用的简化版本(当然，这与最初不清楚如何将玻姆理论应用于自旋态的事实有关)。因为 EPR 波函数[式(2.1)]是实函数，所以粒子处于静止状态，它们的可能位置由满足 $x_1 - x_2 = a$ 的系综描述。玻姆接着用一种让人想起玻尔的方式进行了描述：

现在，如果我们测量第一个粒子的位置，我们会在整个系统的波函数中引入不可控的波动，受到“量子力学”力的作用，每个粒子的动量都会产生相应的不可控的变化。类似地，如果我们测量第一个粒子的动量，系统波函数中不可控的波动会通过“量子力学”力，造成每个粒子位置的相应不可控变化。因此，

① 马德隆(Madelung)的“流体动力学解释”中已经包含了量子势[114]；他称之为 Quanteglied。但这个名字有些误导，因为玻姆轨道的运动方程是一阶的，因此没有与量子势相关联的力。

可以说“量子力学”力是通过ψ场的介质将不可控的扰动瞬间从一个粒子传递到另一个粒子。

由于玻姆接受非局域性作为理论的一个基本方面，他从一开始就规避了EPR准则。

测量完成后，被测粒子仍被困在一个波包中，其他波包是空的，并且隐含地假设这些空波包不相干。在通常的量子力学中，这一假设可以通过退相干过程进行调整（见5.4节）。从这个角度来看，轨道是非常模糊的，“完全基于经典偏见”[174]。事实上，没有任何实验需要玻姆轨道来解释它。

玻姆的主张遭到了强烈反对。言辞犀利的泡利在信件和发表的文章中对其进行了批评，讽刺的是，文章发表在了《德布罗意纪念文集》[125]。薛定谔对此也持批评态度，在给爱因斯坦的信中，他写道：

事实上，玻姆提出使用相同的函数来计算概率分布和力势，这是我无法接受的。现实中发生的每一条轨道都可以被认为是不同轨道集合中的一个。但是，随心所欲加入的轨道并不能产生实际的效果①。

玻姆本人指出了他的理论中的不对称性。电子是借助粒子轨道来描述的，而光子不是，即使光子在黑化照相底版时似乎也表现出粒子特性。在电磁学中，对应于经典的场的量，受量子场的波势引导，但却不是光子，而是电磁四维势。偏爱粒子位置而不是动量，也会破坏相应的量子力学表示之间的对称性。其他问题涉及相对论量子场理论中的自旋形式和相互作用②。

玻姆和他之后的大多数人假设，初始概率分布由波恩法则给出，即由

---

① 德文原文为“Am Bohmschen Vorschlag ist mir unannehmbar, daß er dieselbe Funktion als Wahrscheinlichkeitsverteilung und als Kräftepotential benutzt. Nun kann aber jede wirklich auftretende Bahn doch wohl als Mitglied verschiedener Bahngesamtheiten gedacht werden. Die hinzugedachten, aber nicht verwirklichten Bahnen können doch nicht auf das Bewegliche einwirken.”（von Meyenn[158, vol. 2, p. 675], English translation by S. Linden and A. K. Hudert）。

② 最近，玻姆理论的各个方面也被用作经典物理学中的类比，例如，参见Harris等的工作[85]。

$|\psi|^2$ 确定。最近，人们试图摆脱这种假设[132,157]。玻恩的概率分布于是变成了一个弛豫过程，也就是将一个基本上是任意的初始分布简约成 $|\psi|^2$。不用说，某些假设必须得做，就像玻耳兹曼在推导热力学第二定律时，对碰撞频率所做的假设。关于这些假设，涉及一个可能的宇宙学起源问题，这有待探讨。

5.2 贝尔不等式

我们看到了爱因斯坦是如何将他的论点建立在局域实在性的假设之上的。由局域实在性假设，爱因斯坦推断出量子理论的不完备性。爱尔兰物理学家约翰·斯图尔特·贝尔(John Stewart Bell，1928—1990)从这个假设中导出极具概括性的不等式，它却违背量子理论。那么，无论量子理论还是局域实在性假设，其正确与否都要通过实验来检验。实验结果明确支持量子理论①。

贝尔的论文直接引用 EPR，其标题是“爱因斯坦-波多尔斯基-罗森悖论”(EPR 悖论)[11]。第一段解释了两篇论文工作是如何联系起来的：

EPR 悖论是作为一个论点提出的，即量子力学不可能是一个完备的理论，应该由附加变量来补充。这些附加变量将恢复量子理论的因果关系和局域性。本文将这个想法进行了数学化的表述，并且显示它与量子力学的统计预测不兼容。

请注意，贝尔称 EPR 情形为悖论，可能指的是局域实在性概念和非局域量子理论之间的冲突。贝尔工作的重要意义恰恰在于，他将这一冲突带到了一个具体的、实验上可以验证的评判水准，并由其给出一个明确的定论。

如果你确信量子理论的普遍有效性，那么你听到贝尔不等式和量子理论之间的冲突就不会感到惊讶。但是，如果你坚持基于局域性的经典假设，那么这种冲突就令人惊讶和不安[181]。人们因此对贝尔的工作产生了浓厚的兴

① 贝尔写了许多关于量子力学基础的论文，可读性都很强的，收录于《贝尔》[15]。贝尔曼和泽林格的论文集[19]也值得一读。

趣，正如阿兰·阿斯佩的说法，贝尔的工作是“物理学史上最杰出的论文之一”[2]。无论你的观点如何，毫无疑问，这篇论文在过去50年中以独特的方式激发了人们对量子力学基础的争论。

贝尔自1952年以来一直致力于量子理论的基础研究，很大程度上是因为玻姆发表的研究工作给他留下了深刻的印象①。玻姆的理论明确包含以非局域方式交互作用的“隐变量”，但它们的存在似乎与冯·诺依曼的证明相矛盾。冯·诺依曼曾说过，只要人们坚持量子理论的预测，就不可能有这样的隐变量。贝尔发现了冯·诺依曼证明中的缺陷，并于1964年（甚至在他研究不等式之前）撰写了一篇论文，但两年后才发表[12]。关于这样的工作，他显然不知道，格蕾特·赫尔曼早在1935年就已经做过了。

贝尔在论文②的开始先提出了一个问题，即量子力学状态是否可以表示为一类新的独立单态的平均。对于这类单态来说，例如，自旋值可以相对于任何方向确定，或者粒子的位置和动量可以同时确定。与量子力学状态相比，这样状态的力学量有了确定的值，因此称为“无色散”状态。对于这类单态，除了波函数之外，还需要新的“隐藏”变量，这些变量用λ表示。引入它们是为了预测单个测量结果，而量子力学只允许统计上的评估。

贝尔接着对冯·诺依曼的证明进行了详细的讨论，正如格蕾特·赫尔曼（Grete Hermann）之前所做的那样，贝尔也发现了冯·诺依曼的证明存在假设过强的问题。冯·诺依曼（Von Neumann）假设了线性的期望值：算符之和的期望值等于它们期望值的和③。尽管这一规则适用于量子力学，但不一定适用于隐变量。因此，冯·诺依曼的假设是太强了④。

贝尔随后转向考察其他人关于隐变量理论不能成立的证明，其中特别关

① “这些文件对我来说是一个启示”，他的妻子玛丽引用了他的话[19，p. 3]。

② 贝尔1970年在瓦伦纳举行的一次会议的报告中详细讨论了同一主题，参见《贝尔》[15，p. 29-39]。

③ 期望值的定义见附录。

④ 布勒[35]强调，冯·诺依曼的证明仍然排除了某类具有隐变量的理论。

注了格里森(Gleason)[80]、考亨(Kochen)和斯佩科尔(Specker)[108]的工作①。这些工作表明,不存在所谓的“非交互”(non-contextual)的模型,其具有与量子力学预测兼容的隐藏参数②。尽管贝尔没有使用“非交互”这个词③,但他的想法完全是在这个词的意义上发展的。“非交互”意味着,无论正在测量哪些量,以自旋为例,由 ψ 和 λ 给定的完整状态可以为每个方向分配一个定义良好的自旋分量。上面提到的证明否定了“非交互”模型,这意味着:不能假设量子力学测量的结果在测量之前就存在。德安布罗西奥(D'Ambrosio)等对这种可能性的实验验证进行了讨论[43]。

这些结果本身就足够有趣,因为它们挑战了经典物理学的观点。但贝尔最重要的见解是,所有这些证据都基于过强的假设。隐变量不仅可以与被测系统相关联,还可以与对应于“交互”情形的测量设备相关联。一般来说,这意味着测量结果可能取决于所进行的其他测量。贝尔写道[12,p. 451]:

观察结果不仅可以合理地取决于系统的状态(包括隐变量),还可以合理地依赖于设备的完整配置。

贝尔讨论了交互的情形。他从局域隐变量理论的假设出发,导出了非常一般,但却被量子力学证伪的不等式[11]。如果这些不等式被违背,爱因斯坦的局域性假设就是错误的。

为了进行实验测试,人们通常使用由贝尔不等式导出的实用版本。克劳瑟等首次给出了这样的版本[41],即 CHSH 不等式或称为 CHSH 检验,其中的四个字母分别是四位作者姓氏的首字母。推导这些不等式超出本书的范围④,这里只描述其主要思想。

让我们考虑图 5.1 所示的实验设置。中心的源向相反方向发出两个自旋为半整数的粒子。假设两个粒子都处于如式(2.9)所示的非局域态,也就是

① 在上述的瓦雷纳报告中,贝尔详细介绍了考亨和斯派克及其后续工作。

② 形式上,这些证明仅仅适用于维数等于或大于 3 的希尔伯特空间。

③ Peres[131]和 Shimony[150]对“交互”和“非交互”概念进行了广泛讨论。

④ 除了贝尔[15]、贝尔曼和泽林格[19],伊沙姆[95]和佩雷斯[131]也是值得推荐的。

EPR 思想实验中玻姆版本的单态。在源的右侧和左侧、与源的距离相等处，有两个“偏振器”P_1 和 P_2，只有当粒子的自旋相对于给定方向朝上取向时，它们才允许粒子通过。这样就可以由两个偏振器各自后面的探测器 D_1 和 D_2 测得相对于所取方向的自旋分量。设 $\mathbf{a}$ 和 $\mathbf{a}'$ 表示偏振器 P_1 所取的两个可能方向，$\mathbf{b}$ 和 $\mathbf{b}'$ 表示偏振器 P_2 所取的两种可能方向。

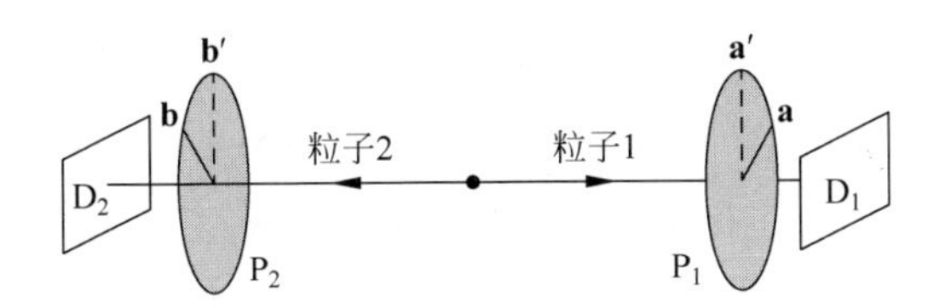

图 5.1 测试贝尔不等式的实验装置

当选择方向 $\mathbf{a}=\mathbf{b}$ 时，式(2.9)所示的态表现出完美的反向相关，也就是说，如果自旋在 P_1 处指向上，则在 P_2 处指向下，反之亦然。然而，贝尔不等式要求每个偏振器至少选取两个方向进行测量。这与交互情形相对应。现在，依据局域性假设，P_1 选取方向的测量结果与 P_2 选取的方向无关。实验上保证这个条件的做法是快速随机选择 P_2 方向，使得在 P_2 的方向改变之前，来自 P_1 的信号(以小于或以光速行进)不能到达 P_2。也就是说，事件“在 P_1 处测量自旋”和“在 P_2 处选择方向”之间的时空间隔是类空的。

图 5.1 中两个探测器测量结果的相关性用函数 $C(\mathbf{a},\mathbf{b})$来描述，它依赖于 P_1 和 P_2 所选取的方向。对于严格反向相关的情形，该函数的值为-1；对于严格正向相关的情形，该值为$+1$。仅从局域性假设出发，就可以推导出以下形式的贝尔不等式或 CHSH 不等式：

$$|C(\mathbf{a},\mathbf{b})+C(\mathbf{a},\mathbf{b}')+C(\mathbf{a}',\mathbf{b})-C(\mathbf{a}',\mathbf{b}')|\leqslant 2 \tag{5.3}$$

量子力学计算给出式(5.3)左边表达式的最大值不是 2，而是 $2\sqrt{2}$。于是，的确存在这样的量子力学状态，它们明确违反建立在局域性假设基础上的贝尔不等式。自然而然，这些态如式(2.9)所示，就是纠缠态①。

① 相反，满足贝尔不等式的状态不一定是因子化的。参见 Bruß[34，p.104]。满足贝尔不等式的纠缠态也称为“维尔纳态”。

人们通常使用光子做实验，用光子的偏振取代上述例子中粒子的自旋。20 世纪 80 年代初，阿兰·阿斯佩(Alain Aspect)及其团队在巴黎进行了第一次重要测试。他们发现，违背 CHSH 不等式的置信度为 5σ，并且实现了 P_1 和 P_2 的类空分隔。

到目前为止，所有相关的实验都证实了量子力学，证伪了贝尔不等式以及局域性假设。尽管如此，利用实验缺陷挽救贝尔不等式有效性的可能漏洞仍在讨论[162]。一个可能的漏洞曾经是在上述的两个测量事件之间未能满足类空分隔条件，但这在后来所有实验中基本上都被排除了。另一个漏洞是有偏见的统计数据，其根源可能在于并非所有光子都被探测器捕获，这被称为检测漏洞。当然，人们也可以质疑自由意志的概念，从而质疑是否有可能随机选择 P_2 的偏振方向。然而，对于大多数物理学家来说，这个想法似乎有些牵强，因此不应在此讨论。

目前的实验情况主要是为了彻底堵塞这些漏洞，也已经取得了广泛的成功①。尽管一些细节仍在讨论中，但几乎可以肯定的结论是，贝尔不等式在实验上被违背了，量子力学的预测是正确的，而局域实在性的假设是错误的。

检验贝尔提出的局域实在性，本质上就是对不等式的检验。除此之外，格林伯格(Greenberger)等[81]还提出了一个态，其局域实在性的检验是对一个等式的测试。格林伯格-霍恩-蔡林格态(简称 GHZ 态)不是两个，而是三个或更多纠缠光子的态。虽然量子力学预测系统在这种状态下的某一个可观测值(自旋分量的特定乘积)为-1，但局域实在性的预测值为$+1$。在这种情况下，实验测试也证明了量子力学的有效性②。

贝尔的工作和随后的发展都是由 EPR 文章启动的。对爱因斯坦来说，局域实在性的假设是至关重要的。上述发展表明，这一假设与量子力学的实验验证预测相矛盾。如果爱因斯坦知道这些结果，他会调整自己的观点吗？这

---

① 参见 Christensen 等[40]、Giustina 等[79]和 Erven 等[70]的近期工作。

② 见 Pan 等[124]。Erven 等[70]，在前面的脚注中引用，也研究了具有三个光子的 GHZ 状态，其中两个光子传播了几百米的距离。

样的推测毫无意义，但很难想象爱因斯坦会忽略实验论据。

贝尔指出，决定论问题对爱因斯坦来说是次要的，他主要关注的是局域实在性（参见 Maudlin[117]）。在《贝尔》[13]中，他写道：

重要的是要注意，在 EPR 论证中，决定论发挥作用的程度有限，它不是假设，而是推断。被认为神圣的是"局域因果关系"原则，即"在远处没有作用"。……很难说清楚这一点，即决定论不是分析的前提[①]。

爱因斯坦当然不相信上帝"掷骰子"，但他更愿意放弃决定论而不是局域性。

在上面提到的文章中，贝尔还讨论了玻尔对 EPR 文章的反应（见 4.2 节，也见惠特克（Whitaker）[165]）。他基本上认为玻尔的论文难以理解："虽然我想象我理解爱因斯坦的立场，但就 EPR 相关性而言，我对他的主要对手玻尔的立场了解甚少。"在讨论了玻尔论文的一些核心思想后，"我真的不知道这意味着什么。" 他最后问道："玻尔只是拒绝了这个前提——'在远处没有作用'，而不是反驳这个论点？"[②]对此，我们没有任何补充。

5.3 多世界诠释

1957 年，休·埃弗雷特（Hugh Everett，1930—1982）基于他在约翰·惠勒（John Wheeler）指导下完成的博士论文，发表了一篇论文[72]，介绍了量子理论的一种新的诠释，他称之为相对状态构想，后来被人称为"多世界诠释"或"埃弗雷特诠释"。

那时候，惠勒的兴趣在于尝试把广义相对论量子化，埃弗雷特则以此启动了他的研究工作。这个问题的一个方面是如何解释一个应用于整个宇宙的波函数，这样，就没有了外部观测者。他论文的标题确实是宇宙波函数理论，然

---

① 转载于《贝尔》[15，p. 142]。

② 贝尔[13，附录 1]。

而在这方面，量子化相对论起不到任何作用。十年后，布莱斯·德维特(Bryce DeWitt)会在埃弗雷特的研究背景下抓住这一线索[48]。

埃弗雷特诠释的关键是认真对待量子理论的公式，从某种意义上说，就是完全接受它。尤其是对于孤立系统，薛定谔方程式(1.4)应该总是完全有效的。因此，在这种诠释中，波函数没有坍缩。就观察者在量子理论中的角色而言，这个诠释导致的结果是基础性的。

让我们考虑在冯·诺依曼书[159]中描述量子力学测量过程的一个简单例子。考虑具有半整数自旋的量子力学系统。为了测量相对于自由选择方向的自旋(例如，由磁场确定的 z 方向)，把测量仪器连接到待测系统。根据量子理论的规则，自旋值可以是 $+\hbar/2$ 或 $-\hbar/2$。对于前一种情形，我们用符号 $|\uparrow\rangle$ 表示自旋向上的状态；对于后一种情形，用符号 $|\downarrow\rangle$ 表示自旋向下的状态。我们已经在玻姆版本的 EPR 思想实验中遇到过这些状态(见 2.3 节)。

同样，测量仪器也由量子态描述。为了测量自旋，待测系统和测量仪器必须以这样的一种方式相互作用，即使得测量仪器的状态同待测系统的状态关联到一起。理想情况下，这样的关联在仪器不干扰系统的情况下进行。例如，如果在 z 方向上测量自旋，相互作用应对不关联的初始状态 $|\uparrow\rangle|\phi_0\rangle$(自旋向上)和 $|\downarrow\rangle|\phi_0\rangle$(自旋向下)做如下变换：

$$|\uparrow\rangle|\phi_0\rangle \xrightarrow{t} |\uparrow\rangle|\phi_\uparrow\rangle, \quad |\downarrow\rangle|\phi_0\rangle \xrightarrow{t} |\downarrow\rangle|\phi_\downarrow\rangle \tag{5.4}$$

其中 $|\phi_0\rangle$ 是仪器的初始状态，状态 $|\phi_\uparrow\rangle$ 和 $|\phi_\downarrow\rangle$ 被解释为“仪器测量的自旋向上”和“仪器测量的自旋向下”。现在，如果量子力学普遍适用，叠加原理也就普遍适用，那么，根据式(5.4)，自旋向上和自旋向下的叠加(导致自旋向右或向左的状态)将按如下方式演化：

$$(|\uparrow\rangle \pm |\downarrow\rangle)|\phi_0\rangle \xrightarrow{t} |\uparrow\rangle|\phi_\uparrow\rangle \pm |\downarrow\rangle|\phi_\downarrow\rangle \tag{5.5}$$

然而，这就是测量仪器的宏观状态(“指针状态”)的叠加。由于人们没有观察到这种叠加(人们总是在确定的经典状态下观察到仪器)，冯·诺依曼假设了波函数的坍缩，在测量过程中中止了叠加原理，并修改了量子力学的形式(见 1.4 节)。

埃弗雷特走了另一条路。他认为式(5.5)的叠加态是真实的。可是,如何解释这种状态从未被观察到?答案的关键是明确地让观察者参与进来。设$|O_0\rangle$为测量前观察者的初始状态,$|O_\uparrow\rangle$为“观察者看到自旋向上”的状态,$|O_\downarrow\rangle$为“观察者看到自旋向下”的状态,那么,代替式(5.5),就有以下更大的叠加态,其中也包含观察者:

$$(|\uparrow\rangle \pm |\downarrow\rangle)|\phi_0\rangle|O_0\rangle \xrightarrow{t} |\uparrow\rangle|\phi_\uparrow\rangle|O_\uparrow\rangle \pm |\downarrow\rangle|\phi_\downarrow\rangle|O_\downarrow\rangle \tag{5.6}$$

这不会使情况变得更糟吗?不,埃弗雷特说。式(5.6)的扩展形式意味着将波函数分化成独立的成分,即“分支”,每个分支对应于自己的经典世界。这样,整个量子实在可以描绘成一个世界,在这个世界中,同一个观察者存在于波函数的两个分支中:一个版本的观察者看到自旋向上,另一个版本观察者看到自旋向下。这样,物理上所有可能的量子测量结果全都实现在所说的全量子世界之中。由于退相干,这种分支是鲁棒(robust)的,这将在下一节讨论。

函数$|\uparrow\rangle|\phi_\uparrow\rangle$乘以观察者的版本$|O_\uparrow\rangle$,称为相对于$|O_\uparrow\rangle$的“相对状态”,与此相应的是,函数$|\downarrow\rangle|\phi_\downarrow\rangle|O_\downarrow\rangle$称为相对于$|O_\downarrow\rangle$的“相对状态”,这就是为什么埃弗雷特将他的诠释称为“**相对状态构想**”。

当然,这个图像不仅适用于自旋测量,也适用于所有可观测量的测量,无论是电子位置的测量,还是薛定谔猫的假设观测。根据埃弗雷特的诠释,经典世界中没有死猫和活猫的叠加,而是一个有死猫的世界和一个有活猫的世界的叠加。

埃弗雷特构想没有将系统和观察者分开,因此,冯·诺依曼的心理-物理平行性(见1.4节)必须加以推广。在最初的表述中,冯·诺依曼特别指出了观察者和被观察系统之间的联系。在埃弗雷特诠释中,观察者的版本和系统的相对状态之间只有对应关系。用约翰·贝尔(John Bell)的话[15,p. 133]:“心理-物理平行性被认为是这样的,即我们在一个‘分支’宇宙中所能代表的只是知道该分支正在发生什么。”

在下面的表述中，贝尔称埃弗雷特的诠释过于夸张："现在看来，这种宇宙的倍增是奢侈的，在理论上没有任何实际意义，轻易放弃也没有关系。"因此，至少在这方面①，贝尔更喜欢玻姆的诠释。它与埃弗雷特诠释的不同之处，仅在于它将经典粒子（和场设置）添加到波函数中。测量后，这些粒子被困在波包中，形成了观测到的经典世界②。

但是，埃弗雷特诠释真的很夸张吗？只要你认真对待量子理论的公式，而不是另外引入一些其他东西，比如波函数的坍缩，他的诠释就会自然而然地出现。这样看，这种诠释实际上是简约的，与教材中的公式表述直接对应。因此，将其视为孤立的诠释似乎不太正确。从基本观点来看，只有一个量子世界——但有许多经典的，或者说，准经典的分支。

贝尔的不适是许多物理学家的共同感受。玻姆的理论是试图拯救一个宏观世界的想法。其他尝试则更进一步，通过引入额外的非线性或随机项来修改薛定谔方程，以此探究引起波函数坍缩的原因：根据修改了的动力学，如式(5.5)那样的叠加态就能发展成两个分量中的一个，其概率由玻恩法则给出，也就是说，波函数"坍缩"为两个分量之一③。讨论最激烈的两个坍缩模型是 GRW 模型和 CSL 模型。GRW 模型的命名来自其发明人 Ghirardi、Rimini 和 Weber 的头一个字母，CSL 模型源自 GRW 模型④。直到今天，还没有违背薛定谔方程的实证，因此也没有一个坍缩模型被证明是有效的。鲍希（Bassi）等对坍缩模型及其实验测试进行了详细概述[9]。

在埃弗雷特诠释中，不存在 EPR 问题[173]。如果我们将式(5.6)解释为 EPR 实验在玻姆版本中的自旋测量，那么这两种可能的结果以及它们对应的观察者版本在物理上以组合状态的形式存在。由于量子力学公式上的非局域性，

---

① 他后来同情坍缩模型，特别是 GRW 模型[15]。

② 在其他地方，贝尔将这些经典变量描述为"实在变量"(beables)。

③ 贝尔和 Nauenberg 评论了波函数坍缩（也称为"波包的减少"）："最终，这个过程没有力学的论点，实际使用的论点很可能被称为道德的。"[15，p. 22]作者所说的"道德论点"是指意识形态或哲学论点。

④ CSL 代表连续自发定位。

爱因斯坦的局域性准则无法应用，EPR关于量子力学不完整的结论也无法得出①。

由于爱因斯坦于1955年去世，他没有机会对埃弗雷特的提议做出反应，但埃弗雷特确实在1962年10月的泽维尔会议上遇到了波多尔斯基和罗森（见《泽维尔大学》[172]）。彼得·拜恩（Peter Byrne）在其关于埃弗雷特的传记中描述了他们当时与会的情景[38，p. 252-261]。会议讨论非常激烈。对于大多数会议参与者来说，也认为埃弗雷特的解释是有效的、一致的，即使不愿意接受其哲学引申。波多尔斯基和罗森也是如此。对罗森来说，遵循EPR的论点，认为对量子理论概念问题的持续讨论进一步证明了该理论的不完备性。

如果你试图坚持叠加原理以及线性的薛定谔方程，而不愿意接受"多个世界"的后果，那么，当你阅读相关讨论的文献时，就会感受到由此产生的紧张感。埃弗雷特评论[38，p. 255]道：

是的，这是叠加原理的结果，即叠加的每个独立元素都将遵循相同的规律，而不依赖于彼此的存在或不存在。因此，为什么一定要选择其中一个元素作为真实元素，而其他所有元素则神秘地消失？

埃弗雷特的最初构想提出了更重要的问题。例如，尚不清楚哪一组波函数是分支的基函数。也不清楚玻恩的概率诠释是如何产生于一种在基本层面上不包含概率的表述。埃弗雷特确信他的诠释是自洽的，但他只能对这些问题给出初步的答案。只有在对经典性质如何在一个基本上由量子理论描述的世界中产生有了更深入的理解之后，才能给出更精确的答案。这就是下一节的内容。

5.4 经典界限

"测量"的概念，或者更确切地说，"测量过程"的概念，在量子理论基础的讨论中起着核心作用。在测量过程中，薛定谔方程显然停止起作用，并且，唯一存

---

① 为了进一步阅读多世界诠释，除了与EPR的相关性之外，可以推荐Saunders等[140]和Zeh[179]的文章；另见Wallace[161]。伯恩[38]提供了有关埃弗雷特传记的信息。

留下来的是叠加态中与测量结果相对应的那个状态。约翰·冯·诺依曼(John von Neumann)将这一测量过程形式化,并引入波函数的坍缩为一个新的动力学过程(见 1.4 节)。但是,为什么对一个系统的测量会有如此重要的作用呢?

的确,测量无非是两个系统之间的相互作用,其中一个系统是被测量的系统,而另一个系统即"仪器",是进行测量的系统。所以,我们不应该简单地称之为具有特殊性质的相互作用吗?在关于量子力学基础的辩论中,约翰·贝尔(John Bell)可能比任何其他人都更反对将一个特殊角色归因于测量。在他广受关注的论文"反对'测量'"[14,p. 34]中,贝尔就测量的概念写道:"……这个词对讨论产生了如此有害的影响,我认为现在应该在量子力学中完全禁止它。"

量子理论中的测量问题其实是一个更普遍的问题的一部分:经典属性是如何以及何时形成的?这样的问题实际上是关于经典界限的问题,只是当你将一个特殊的角色归因于测量时,这一点是不会被注意到的。

经典界限的问题早就被讨论过。在 1927 年的索尔维会议上,马克斯·玻恩(Max Born)问人们如何理解威尔逊室中每一个 α 粒子的轨迹都几乎是直线,尽管人们需要一个球对称波函数来描述其传播。两年后,内维尔·莫特(Neville Mott)提出了他的想法,即 α 粒子与威尔逊室内原子的相互作用是观测到的 α 粒子轨迹形状的原因[118]。这一想法在后来的时间里没有被采纳,这可能是由于尼尔斯·玻尔和哥本哈根学派的诠释。

几十年后,德国海德堡的海因兹·迪特尔·泽赫(Heinz Dieter Zeh)认识到量子系统如何强烈地与其所处环境的相互作用,以及这些相互作用对经典界限有多么重要。微观系统总是与环境自由度(例如,光子、散射分子等)相关联,因此不能描述成孤立系统。满足封闭假设的薛定谔方程只能应用于整个系统,只有从它对整个系统的解中才能得出子系统的行为。人们发现微观子系统通常表现出经典行为。系统与环境自由度的相互作用导致它与其环境的全局纠缠,使系统显得经典,这种机制称为**退相干**①。

① "退相干"一词是在 1989 年前后出现,很可能是由 Murray Gell-Mann 创造的。

下面，我们将简要概述退相干是如何从量子理论的形式中产生出来的①。一个基本的假设是，这种形式确实适用于所有系统，没有限制，并且不需要通过动态坍缩进行修改。

根据冯·诺依曼的观点，我们简单地考虑“系统”$\mathcal{S}$和“仪器”$\mathcal{A}$之间的相互作用，在不改变系统状态的情况下将$\mathcal{S}$和$\mathcal{A}$关联起来，如同式(5.4)描述的“理想测量”。再一次，我们使用测量自旋的简单示例来演示该过程。如果系统中最初存在“自旋向上”和“自旋向下”两种状态，则仪器将根据式(5.4)在测量期间与这些状态关联。

当然，由于叠加原理，系统的状态很可能是具有任意复系数α和β的不同状态的叠加。系统与仪器的相互作用会导致：

$$(\alpha|\uparrow\rangle+\beta|\downarrow\rangle)|\phi_0\rangle \xrightarrow{t} \alpha|\uparrow\rangle|\phi_\uparrow\rangle+\beta|\downarrow\rangle|\phi_\downarrow\rangle \tag{5.7}$$

如同式(5.5)所示的一样，这对应于仪器不同状态的叠加(“指针状态”)。到目前为止，我们只是重复冯·诺依曼的论点，强调附加动力学的必要性(波包的“坍缩”或“缩减”)。

考虑到泽赫的想法，现在考虑仪器$\mathcal{A}$不是一个孤立的系统，而是与环境的自由度相互作用。用$\mathcal{E}$表示环境自由度。如果$|E_0\rangle$表示$\mathcal{E}$的初始状态，那么当仪器和环境相互作用时，环境的状态将与仪器的状态关联，并因此间接与系统的状态关联。与式(5.7)相比，应用叠加原理似乎会使情况恶化，因为现在还需要考虑环境的自由度：

$$(\alpha|\uparrow\rangle|\phi_\uparrow\rangle+\beta|\downarrow\rangle|\phi_\downarrow\rangle)|E_0\rangle \xrightarrow{t} \alpha|\uparrow\rangle|\phi_\uparrow\rangle|E_\uparrow\rangle+\beta|\downarrow\rangle|\phi_\downarrow\rangle|E_\downarrow\rangle \tag{5.8}$$

这是一种纠缠状态，一般来说，存在于系统与许多在空间上可能相距很远(如EPR情形)的自由度之间。然而，问题的关键在于，与仪器相比，环境的自由度是不可观察的。例如，光子可以在仪器表面散射，然后不可逆地消失。真正

① 关于详细讨论，请参见 Joos[99]、Joos 等[101]、Schlosshauer[142]和 Zurek[182]。

能在局部（在系统或设备上）观察到的特征可以由简约化的密度矩阵得到（参见附录）。如果相当真实地假设不同 n 的环境状态 $|E_n\rangle$ 几乎正交，则由式（5.8）演化出来状态的密度矩阵为

$$\rho \approx \alpha^2 \,|\uparrow\rangle\langle\uparrow| \otimes |\phi_\uparrow\rangle\langle\phi_\uparrow| + \beta^2 \,|\downarrow\rangle\langle\downarrow| \otimes |\phi_\downarrow\rangle\langle\phi_\downarrow| \qquad (5.9)$$

这恰恰是自旋向上和自旋向下的经典统计系综的密度矩阵。密度矩阵的非对角元素表示可能的干涉信息，它传递到仪器与环境中不可观察自由度的各种关联："干涉项仍然存在，但它们已经不在那里了。"① 当然，一般来说，关于自旋测量的讨论，对于系统、仪器、环境之间的相互作用都是有效的。

埃里希·乔斯（Erich Joos）和泽赫（Zeh）于 1985 年首次对真实情况下的退相干进行了定量计算[100]。这些应用部分地涉及研究客体局域性的这个重要问题。因为叠加原理成立，人们不应该期望研究的客体处于特定的局域状态。量子理论中的一般情况是局域态的叠加，也就是扩展态。乔斯和泽赫表明，与环境自由度非常弱的耦合，足以使得微观客体退相干，即局域化。例如，星际空间中的尘埃粒子，其状态是各种不同位置的叠加，如果其半径仅大于 10^{-3}cm，它将与宇宙各处存在的 3K 宇宙背景辐射发生强烈的相互作用，从而表现为经典的局域化粒子。受散射干扰的不是粒子路径，而是环境正在改变。这种相互作用导致了与环境的纠缠，这种纠缠导致退相干。因此，纠缠不仅决定了系统的纯量子性质，也导致系统表现出经典的行为。

所以说，微观客体本身并不具有经典性质。它们在多大程度上表现出经典特征，取决于它们与环境互动的细节。这些细节可以通过定量计算获得。因为退相干通常发生得很快，看起来像是自发的局域化，像"量子跃迁"一样。与违反薛定谔方程的（从未观测到的）动力学坍缩相反，退相干因此被称为波函数的"显性坍缩"。通过将薛定谔方程应用于整个系统以及将其限制于所讨论的子系统，所有观察到的现象，包括所有测量过程，都可以（至少在原则上）进行一致地描述。因此，没有必要用动力学坍缩来解释任何已知实验的结果

① Joos 和 Zeh[100]。

从1996年的第一次实验开始，所有关于退相干的实验都证实了理论预测。值得强调的是维也纳干涉实验，它通过控制系统与环境的相互作用，使得干涉图样缓慢消失。这些干涉是由富勒烯的分子产生的，例如，发送富勒烯的分子通过Talbot Lau干涉仪，从而发生自身干涉。根据乔斯和泽赫[100]等的预测，引入气体作为散射环境[82]或对光子发射过程进行加热[83]，就会使干涉图案消失①。

有关纠缠和退相干实验的描述，谢尔盖·哈罗什(Serge Haroche)和大卫·怀恩兰德(David Wineland)的诺贝尔演讲令人印象深刻[84,170]。关于经典界限的理论考虑已经成为量子力学的常规问题。

退相干也在讨论量子力学叠加态与理解人类意识的关联时发挥了作用。罗杰·彭罗斯(Roger Penrose)等在20世纪80年代末提出了一个可能的关联。在详细的计算中，马克斯·泰格马克(Max Tegmark)能够证明，由于退相干，这种在大脑中的叠加态——即使它们存在——也会消失得太快，无法与知觉相关[155]②。这个例子显示了退相干的应用范围，也就是基于量子力学形式的应用范围，已经如此广泛了。

退相干的重要性在于它可以解释经典概念的有效性，同时，它可以定义这些概念的有效范围。物体可以呈现出经典的状态，即使在基本层面上它们是由量子理论描述的。波粒"互补性"是量子理论的一个具有重要历史意义的原理，从将量子力学应用于实际情况和退相干过程来看，它是自然而然的。状态的基本概念是一般高维配置空间中的波函数，根据特定的交互情形，从中可以得出我们熟悉的三维空间中的类似粒子的，或者类似波动的性质。

退相干也解决了埃弗雷特诠释中可能存在的不一致性(见5.3节)：波函数的各个分支在哪些变量上变得相互独立？系统与环境的自然交互作用选择了一组特定的变量(例如，在上面讨论物体定域情形的位置基)。它们定义了

---

① Schlosshauer[142]在第6章中详细讨论了实验情况。

② 例如，非经典叠加可以是两种状态的叠加，其中一种状态描述一个激发神经元，另一种状态则描述一个非激发神经元。神经元的放电发生在几毫秒的时间尺度上，而退相干发生在10^{-20}s的时间尺度。

波函数的稳健、准经典分支。在玻姆的理论中，与独立的空波包相反，正是退相干分支携带呈现经典性质的“粒子”。

通过某些额外的假设，通常量子力学的概率诠释（玻恩法则）现在可以在埃弗雷特诠释的框架内来理解。许多推导，尤其是使用密度矩阵概念的推导，使用了循环论证，因为理想的结果已经隐含在所做的假设中，参见瓦雷斯(Wallace)[161，第 2 部分]。一些推导，尤其是祖雷克(Zurek)[183]所做的，专门研究整个系统的纠缠态，并试图根据各分支在总波函数里出现的次数来推断各分支的概率。这是否构成了概率诠释的实际推导，或者更确切地说是否为一致性考虑，是一个有争议的问题。无论如何，这些分析表明，波函数的埃弗雷特分支可以被一致和切实地诠释，至少从泽赫的意味上来说是“启发式的虚构”[179，第 3 章和第 5 章]。

一旦出现退相干，就可以应用概率诠释。然后，对应于不同“测量结果”的状态之间的干涉不再可见。这时才允许应用“海森堡分割”（见第 4.4 节）。因此，退相干的动力学过程证明了理论的现象学诠释是合理的。没有退相干，概率诠释就没有意义。

乔斯(Joos)[99，p. 194]编制了如下的表格（略有修改），将埃弗雷特(Everett)诠释的主要属性与坍缩模型的相应属性进行了对比。

坍缩模型	埃弗雷特诠释
如何以及何时发生坍缩？	埃弗雷特分支的确切结构是什么？
传统的心理-物理平行：感知与观察者的状态平行	心理-物理平行性的新形式：感知与宇宙波函数的一个组成部分平行
概率是假设的	概率可能来自形式化（有争议）
与相对论有潜在冲突	与局域相互作用无冲突
实验测试： 寻找背离薛定谔方程的坍缩态 ⇓ 由于退相干，看起来不可能	实验测试： 寻找宏观叠加态 ⇓ 由于退相干，看起来不可能

埃弗雷特诠释（利用了量子理论不变的线性形式）和坍缩模型（明确修改了薛定谔方程）原则上在实验中是可区分的。在宏观叠加态中，由于退相干，

这似乎是不可能的,但在介观的场景中测试特定坍缩模型的预测是可能的,也是可以想象的[9]。

对埃弗雷特诠释的一个反对意见是,我们没有感知到波函数的其他宏观成分,因此,它们不存在。但是,如果埃弗雷特的诠释是正确的,世界会是什么样子? 由于退相干,它看起来和我们所理解的完全一样。这场辩论让人想起了托勒密和哥白尼体系之间的历史性争论,这场争论持续了几个世纪。埃弗雷特本人在"添加到证据的注释"(*note added in proof*)中进行了这一比较[72,p.460]:

因为我们不知道任何分支过程,就认为这一理论所呈现的世界图景与经验相矛盾。这个论点就像对哥白尼理论的批评,即地球的运动作为一个真实物理事实与自然的常识解释不相容,因为我们感觉不到这种运动。在这两种情况下,当证明理论本身预测了我们的实际经验的时候,这样的论点反而不能成立。(在哥白尼的案例中,牛顿物理学的加入被要求能够证明地球上的居民不会意识到地球的任何运动。)

只有物理学的未来发展才能在这场辩论中做出最终决定。

6 未来展望

大量实验证实了量子理论的各个方面。作为该理论主要特征的系统纠缠及其所描绘的性质已经得到了经验验证。悖论只有在试图用经典假设解释现象时才会出现。但经典性质最终证明只是近似的,并且是纠缠性质的结果,即系统中要考虑自由度与自然环境中耦合到系统的无关自由度之间的纠缠结果。这是第5章讨论的退相干过程。

在未来,纠缠的量子系统将继续在基础讨论和实际应用中发挥重要作用。对这些发展的深入解释超出了本书的范围,但有必要做一个简要的总结。

- 创造和改变纠缠系统的技术正在以惊人的速度发展。在讨论贝尔不等式(违反)的测试时,我们提到了Erven等描述的三光子纠缠[70]。进一步的例子是10^5个光子的纠缠[96]或金刚石的纠缠[109]。后者指的是两个相距15cm、毫米量级大小的金刚石颗粒在室温下产生的纠缠振动状态,然而,在7ps后,退相干开始。Palomaki等[123]描述了如何创建和证明介观机械振荡器与电磁微波场的纠缠①。Gerlich等

① 这是首次引用EPR文章的许多现代文本之一。

[77]介绍了有机大分子的干涉实验。这些例子只是众多实现了纠缠态实验而且发表出来的工作中的几个。

- 纠缠在相对较新的量子信息领域中发挥着重要作用。对这一领域日益增长的兴趣可能是量子力学基本问题重新受到关注的原因。在量子信息领域,除其他外,人们试图开发一种量子计算机,它可以通过在一个叠加态的所有分量中实现并行计算来使用纠缠。例如,这将解决分解大数的问题。退相干使得建造量子计算机变得困难,这就是为什么一台足够大的量子计算机是否能够运行受到质疑的原因。

  量子信息的其他主题是量子隐形传态和量子密码术。在这些领域,研究人员在超过 100km 的距离上创建了纠缠态(“EPR 关联”)。像 EPR 这样的情况,在物理学中已经变得平常无奇了。关于量子信息这一快速进展话题,有大量的文献资料,很难追踪。Nielsen 和 Chuang[119]给出了一个全面的概述;Bruß 的书[34]和 Audretsch 编辑[3]的各种文章也是值得推荐的。

- 在 5.4 节,我们指出,由于退相干,非经典量子态在创造意识中不起作用。然而,量子效应的重要性在生物学中得到了讨论,例如,参见 Huelga 和 Plenio[92]以及 O'Reilly 和 OlayaCastro[120]。一个研究课题是光合作用中的量子效应以及鸟类对磁场的敏感性。该领域称为量子生物学,这是帕斯库尔·约旦(Pascual Jordan)在 20 世纪 40 年代创造的一个术语。需要注意的是,生物系统是开放系统,因为它们与环境紧密耦合。这一领域将如何发展以及它将带来什么样的见解,还有待观察。

- 在粒子物理学,通常不涉及纠缠问题。中微子和中性介子的量子力学振荡是一个例外。例如,这些现象用于区分是可以通过坍缩模型预测的效应,还是通过退相干效应可以预测的效应[7]。

- EPR 关联在量子场论和宇宙学中也扮演着有趣的角色。平坦时空(即在没有引力的情况下)对均匀加速的观测者产生重要影响[160]。这样的观察者认为正常真空状态充满了热分布的粒子。这怎么可能?

真空状态是一个非局域的全局状态。然而,加速运动的观察者无法访问整个空间;视界之外隐藏着部分时空。观察者无法感知视野之外真空状态的关联作用,因此必须使用一个描述视野内时空部分的约化密度矩阵。事实证明,这个密度矩阵描述了粒子的热分布,亦即称为安鲁效应(unruh effect)。

在黑洞和宇宙学中也会出现类似的效应;例如,参见 Matín-Martínez 和 Menicucci[116]的概述。在宇宙学中,EPR 关联对于理解宇宙早期(膨胀)阶段的原始量子涨落非常重要。这些量子涨落是退相干发生后宇宙结构形成的种子(Kiefer 等,1998)。在所有这些情况下,EPR 态都是量子光学实验所研究的双模压缩态。黑洞的霍金辐射也可以用这些态来解释。

- 到目前为止,一切都表明量子理论的普遍有效性。叠加原理已被证明是有效的,其有效范围的界限还尚未找到,见 Arndt 和 Hornberger[1]。由于量子系统与其环境之间的相互作用,出于一致性的原因,我们应该在量子理论框架内将宇宙视为一个整体来描述,因为宇宙才是唯一真正封闭的系统。这把我们引向量子宇宙学和宇宙波函数[105]。在宇宙尺度上,引力是主要的相互作用,这把我们引向尚未解决的量子引力问题(例如,参见 Kiefer[105,106])。理查德·费曼(Richard Feynman)已经使用了一个简单的思想实验来展示叠加原理如何应用于引力场[178]。EPR 意义上的纠缠态在量子宇宙学中发挥着特别重要的作用。

EPR 文章引发了对量子理论的诠释辩论,这几乎是其他文章所没有的。如 Schlosshauer 等[143]、Leifer[110]和许多其他人的论文所示,这一争论仍在继续。仅举一个例子,这里摘录一段与温伯格的量子力学教材相关的采访[163]。关于如何解释量子理论的问题,温伯格说①:

一些非常好的理论家似乎对量子力学的诠释很满意,因为在这种诠释中,

---

① 参见 2013 年 7 月在线的《今日物理学》。

波函数只用于计算测量结果。但是，测量仪器和物理学家可能也受量子力学的控制。因此，最终我们需要解释性的假设，这些假设不把仪器或者物理学家与世界其他地方区分开来，并且从中可以推断出通常的假设，如玻恩定则。这种努力似乎导致了一种类似“多世界”的诠释，我觉得这种诠释令人反感。或者，可以尝试修改量子力学，使波函数能够描述实在，并可以随机和非线性地坍缩，但这似乎打开了即时通信的可能性。我不时地研究量子力学的诠释，但一无所获。

这就是大多数物理学家的困境。迄今为止，量子力学形式上满足了所有实验和观测。特别是，退相干诠释的显性坍缩已经足以解释所有实验。如果你不改变量子力学的形式逻辑，你最终会陷入温伯格所厌恶的多元世界诠释。如果你想避开这种诠释，你必须改变量子力学的形式逻辑。这种形式逻辑通常使用坍缩模型，又带来自身的问题。

EPR 关键的局域性准则被证明是错误的，因为它既与量子理论的既定形式相矛盾，也与仅基于该准则的实验相矛盾，即大量实验所证明的贝尔不等式违背。

那么，物理实在的量子力学描述能被认为是完备的吗？EPR 问题的答案肯定是“是的”。这并不意味着量子理论实际上是完备的，这仅仅意味着我们可以根据我们今天所知道的情况认为它是完备的。

爱因斯坦、波多尔斯基和罗森的工作在 21 世纪仍然是非常有意义的。这一事实表明，人们对一种远离所有经典认知的自然结构感到不适，那么其后果就仍然是未知的。许多问题都已经得到了解答，尤其是由于惊人的实验进展。尽管量子理论诠释的冲突是否会得到解决，仍有待确定，我们要让爱因斯坦说了算：

我们可以自由地选择我们所追求的目标，我们都可以从美好的话语中找到慰藉，因为我们相信，追求真理远比拥有真理更为珍贵[①]。

① 德文原文为“Die Richtung des Strebens steht jedem frei, und jeder darf Trost schöpfen aus Lessings schöner.”。

附录　量子理论的形式化概要

本附录概述非相对论量子理论的形式化(Formalism)表述。为了这个目的,我将遵循我的量子理论书[103]中关于数学形式化的章节①。

量子理论的核心是叠加原理：当 ψ_1 和 ψ_2 是物理状态时,那么,具有任意复数 α 和 β 的 $\alpha\psi_1+\beta\psi_2$ 也是物理状态。因此,状态空间必须是线性的。

另一个条件是要求存在内积,亦即标量积,从而在量子理论的形式中引入概率诠释("玻恩法则")。这样就引出了希尔伯特空间的概念。为了数学上的方便,希尔伯特空间需要具有完备性。这样,量子力学状态是希尔伯特空间中的元素,用状态向量表示。保罗·狄拉克为这些向量引入了广泛使用的符号[49]。希尔伯特空间中的一个状态元素用向量 $|\psi\rangle$ 表示,称为"ket"。从数学上讲,还可以定义一个叫作"bra"的向量 $\langle\psi|$,表示对偶向量空间的状态元素②。

两个状态 Ψ 和 Φ 之间的标量积表示为 $\langle\Psi|\Phi\rangle=\langle\Phi|\Psi\rangle^*$,其中"*"表

① 有关更多细节,请参阅有关量子力学的教材和专著,如 Auletta[4]、Busch 等[36]、d'Espagnat[47]或 Peres[131],其中还包括对概念问题的详细讨论。

② 在线性代数中,ket 向量对应于列向量,bra 向量对应行向量。

示复共轭①。在状态 Ψ 的系统上测量状态 ψ_n 的概率为：$p_n = |\langle\psi_n|\Psi\rangle|^2$。希尔伯特空间通常具有无限维，例如，用平方可积的波函数 $\psi(x_1,\cdots,x_N)$ 来描述粒子数为 N 的系统，则有下式：

$$\int_{-\infty}^{\infty} |\psi(x_1,\cdots,x_N)|^2 \mathrm{d}^3x_1 \cdot \cdots \cdot \mathrm{d}^3x_N < \infty \tag{附.1}$$

因为"粒子"以一定的概率处于空间某个地方，上述积分必须是有限的。通常将积分归一化为1。条件式(附.1)是对容许物理状态的强制约束，最重要的是，它产生量子理论特征化的离散能量值。例如，自旋1/2的希尔伯特空间有两个维度，对应于自旋在给定方向上的两个可能取向。

如何在量子力学中描述经典物理学中熟悉的物理量，如位置、动量或能量？这些"可观测量"由希尔伯特空间中的自共轭算符表示。可能的测量结果是这些算符的特征值。作用于希尔伯特空间中位于算符域 D_Ψ 内的一个状态 Ψ 时，唯一地得到希尔伯特空间的另一个状态。对于这一点，算符域和映射规则都很重要。在量子理论中，只有线性算符才是有意义的。令 $\hat{A}$ 表示算符，则 $\Psi' = \hat{A}\Psi$ 是新状态。算符 $\hat{A}$ 的共轭算符 $\hat{A}^\dagger$ 由如下标量积定义：

$$\langle\Psi|\hat{A}^\dagger\phi\rangle = \langle\hat{A}\Psi|\phi\rangle \tag{附.2}$$

该定义对任意状态 Ψ 和 Φ 均有效。对于自共轭算符，则有 $\hat{A}=\hat{A}^\dagger$，且两者有相同的算符域。注意重要的谱定理的有效性：自共轭的所有特征向量的集合构成希尔伯特空间的正交基。因此，每个状态都可以在此正交基上展开。由于自共轭算符可以用矩阵(通常为无限维)表示，因此使用了术语"矩阵力学"。自共轭的特征向量是实的，因此可能的测量结果总是用实数描述。当对任意状态 Ψ 进行多次测量时，期望值(所有可能测量结果的加权平均值)由 $\langle\Psi|\hat{A}\Psi\rangle$ 给出。由于测量结果通常总是围绕期望值有一个离散的分布，定义离散偏差 $\Delta\hat{A}$ 满足：

$$(\Delta\hat{A})^2 = \langle\hat{A}^2\rangle - \langle\hat{A}\rangle^2 \tag{附.3}$$

---

① 这解释了狄拉克的符号，因为"bra"和"ket"一起构成 bra(c)ket。

当然,这些概念来自统计学理论,只是其中的概率诠释恰当地应用在了量子理论。对于自共轭算符 $\hat{A}$ 和 $\hat{B}$,以下关系适用于任何状态 Ψ:

$$\Delta\hat{A}\cdot\Delta\hat{B}\geqslant\frac{1}{2}\left|\langle\Psi\mid[\hat{A},\hat{B}]\Psi\rangle\right| \tag{附.4}$$

其中 $[\hat{A},\hat{B}]=\hat{A}\hat{B}-\hat{B}\hat{A}$ 称作对易式,方程式(附.4)称为广义不确定性关系。将一维体系的位置算符 $\hat{x}$ 和动量算符 $\hat{p}$ 及其对易式代入方程式(附.4)可得

$$[\hat{x},\hat{p}]=\mathrm{i}\hbar \tag{附.5}$$

这就产生了位置和动量的不确定性关系式(1.5)。

一类重要的自共轭算符是投影算符 $\hat{P}$。这类算符将希尔伯特空间中的状态投影到线性子空间中,且满足关系 $\hat{P}^2=\hat{P}$。对于平行于子空间的向量投影,其特征值为 1;对于正交于子空间的向量投影,其特征值为 0。于是一个自共轭算符 $\hat{A}$ 的谱分解为

$$\hat{A}=\sum_n a_n\hat{P}_n \tag{附.6}$$

其中 a_n 是 $\hat{A}$ 的特征值。这里,为了简单起见,排除了简并特征向量的可能性。现在概率可以用投影算符的期望值来描述。例如,对于上述概率 p_n,下面关系成立:

$$p_n=|\langle\psi_n\mid\Psi\rangle|^2=\langle\Psi\mid\hat{P}_n\Psi\rangle \tag{附.7}$$

其中 $\hat{P}_n$ 投射到状态 ψ_n。[①]

状态的表示可以不在位置空间,在另一组基的空间上也是可以的,例如,在动量空间或者能量空间。动量空间的向量表示可以通过对位置空间的向量进行傅立叶变换得到。

状态的时间演化服从薛定谔方程[②]:

---

① 代替投影算符,这种形式的推广使用了仍然满足式(附.7)的更一般的算符。相应的正算符值度量(POVM)允许处理不精确的测量和多个量的组合测量,例如可参见 Wallace[161,p.17]。

② 参见第 11 页的方程式(1.4)。

$$\mathrm{i}\,\hbar\frac{\partial\Psi}{\partial t}=\hat{\mathrm{H}}\Psi \tag{附.8}$$

其中 $\hat{\mathrm{H}}$ 被称为哈密顿量。它是可观测"能量"的量子理论表示，当然是自共轭的。薛定谔方程的线性结构是叠加原理的动力学表达形式：方程的两个解之和也是方程的解。总概率式(附.1)在薛定谔方程描述的整个时间演化过程中是恒定的(这是方程式(附.8)左侧出现虚数单位 i 的原因)。

薛定谔方程如下形式的解：

$$\psi(x,t)=\psi(x)\mathrm{e}^{-\mathrm{i}Et/\hbar} \tag{附.9}$$

称为稳态解。利用式(附.8)，得到 $\psi(x)$满足的、与时间无关的薛定谔方程：

$$\hat{\mathrm{H}}\psi(x)=E\psi(x) \tag{附.10}$$

其中 E 是能量。原子能谱就是用这个公式计算的。离散能量值 E_n 的存在是归一化式(附.1)的直接结果。

除了自共轭算符外，幺正算符在量子理论中尤为重要。幺正算符是保持标量积(即概率)不变的运算符。这种算符的重要性在于它们通常与物理系统的对称性联系在一起，如与旋转、平移等操作下的不变性相关。这一点的数学表达是魏格纳(Wigner)定理，即，对于保持标量积不变的任何状态变换，总存在幺正(或反幺正)算符。自共轭和幺正算符之间有一个重要的联系：当 $\hat{\mathrm{A}}$ 是自共轭算符时，则 $\exp(\mathrm{i}\hat{\mathrm{A}})$是幺正算符，反之亦然。由此得出概率的时间不变性：由于 $\hat{\mathrm{H}}$ 是自共轭的，所以状态的时间演化算符 $\exp(-\mathrm{i}\hat{\mathrm{H}}t/\hbar)$是幺正的。

对于 EPR 讨论至关重要的纠缠概念可以定义如下(参见，例如 Bruß[33])。设量子系统$\mathcal{S}$由状态向量$|\psi\rangle$描述，此系统由两个子系统("部分量子系统")$\mathcal{S}_1$和$\mathcal{S}_2$组成，两者的状态向量分别为$|\psi_1\rangle$和$|\psi_2\rangle$。如果状态向量$|\psi\rangle$被称为关于$\mathcal{S}_1$和$\mathcal{S}_2$的纠缠态向量，则$|\psi\rangle$不能表示为$|\psi_1\rangle$和$|\psi_2\rangle$的张量积，即

$$|\psi\rangle\neq|\psi_1\rangle\otimes|\psi_2\rangle \tag{附.11}$$

EPR 使用的状态式(2.1)和式(2.9)正好显示了这种行为；它们不能写成粒子

Ⅰ和粒子Ⅱ状态的张量积，因此它们是纠缠的。

由于量子力学上的纠缠，耦合到其他系统的子系统通常没有自己本身的独立状态，即波函数。更确切地说，子系统应该由密度算符 $\hat{\rho}$（也称为密度矩阵或统计算符）描述。它们是通过对整个系统的密度算符进行“部分跟踪”，整理出不属于子系统的所有自由度，从整个系统的状态中获得的。通过这些密度算符，可以获得关于该子系统的概率和期望值。密度算符在退相干的研究中起着重要作用（见 5.4 节）。由于与其他系统（“环境”）的纠缠，信息可以通过这种纠缠逃逸出去或迁移进来，因此 $\hat{\rho}$ 一般不服从幺正时间演化。对于这些“开放系统”，薛定谔方程不再适用，取而代之的是一个通常非常复杂的方程控制着 $\hat{\rho}$ 的时间演化。例如，对于粒子（空气分子、光子，……）从大质量物体散射的简单情况，描述该物体不是由薛定谔方程，而是如下方程：

$$\mathrm{i}\,\hbar\frac{\partial\hat{\rho}}{\partial t}=[\hat{\mathrm{H}},\hat{\rho}]-\mathrm{i}\Lambda\,\hbar[\hat{x},[\hat{x},\hat{\rho}]] \tag{附.12}$$

在这个主导时间演化的方程中，$\hat{x}$ 是位置算符（散射发生在位置空间，而不是动量空间），Λ 是局域化率。Λ 的值表示对象通过与环境的交互作用而被定位的程度。Λ 还起着抑制波函数色散的作用，因为如果通过与环境相互作用的时间演化由薛定谔方程描述，则会发生这种色散。

参考文献

[1] Arndt, M. , & Hornberger, K. (2014). Testing the limits of quantum mechanical superpositions. *Nature Physics*, *10*, 271-277.

[2] Aspect, A. (2004). Introduction: John Bell and the second quantum revolution. In Bell (2004), pp. xvii-xxxix.

[3] Audretsch, J. (Ed.). (2002). *Verschrinkte Welt. Faszination der Quanten*. Weinheim: Wiley-VCH.

[4] Auletta, G. (2001). *Foundations and Interpretation of Quantum Mechanics*. Singapore: World Scientific.

[5] Bacciagaluppi, G. , & Crull, E. (2009). Heisenberg (and Schrödinger, and Pauli) on hidden variables. *Studies in History and Philosophy of Modern Physics*, 40, 374-382.

[6] Bacciagaluppi, G. , & Valentini, A. (2009). *Quantum Theory at the Crossroads. Reconsidering the 1927 Solvay Conference*. Cambridge: Cambridge University Press.

[7] Bahrami, M. , et al. , (2013). Are collapse models testable with quantum oscillating systems? The case of neutrinos, kaons, chiral molecules. *Science Reports*, *3*, article no. 1952.

[8] Barnett, S. M. , & Phoenix, S. J. D. (1989). Entropy as a measure of quantum optical correlation. *Physical Review A*, 40, 2404-2409.

[9] Bassi, A. , Lochan, K. , Satin, S. , Singh, T. P. , & Ulbricht, H. (2013). Models of wave-function collapse, underlying theories, and experimental tests. *Reviews of Modern Physics*, *85*, 471-527.

[10] Baumann, K. , & Sexl, R. U. (1984). *Die Deutungen der Quantentheorie*. Braunschweig/Wiesbaden: Vieweg.

[11] Bell, J. S. (1964). On the Einstein-Podolsky-Rosen paradox. *Physics*, *1*, 195-200. Reprinted in Bell (2004), pp. 14-21.

[12] Bell, J. S. (1966). On the problem of hidden variables in quantum mechanics. *Review of Modern Physics*, *38*, 447-452. Reprinted in Bell (2004), pp. 1-13.

[13] Bell, J. S. (1981). Bertlmann's socks and the nature of reality. *Journal de Physique*, Col-loque C2, suppl. au numéro 3, Tome 42, 41-61. Reprinted in Bell (2004), pp. 139-158.

[14] Bell, J. S. (1990). Against "measurement". *Physics World*, 3, 33-40. Reprinted in Bell (2004), pp. 213-231.

[15] Bell, J. S. (2004). *Speakable and Unspeakable in Quantum Mechanics* (2nd ed.).

Cambridge: Cambridge University Press.

[16] Beller, M. (1998). The Sokal hoax: At whom are we laughing? *Physics Today*, *51*, 29-34.

[17] Beller, M. (1999). *Quantum Dialogue. The Making of a Revolution*. Chicago/London: The University of Chicago Press.

[18] Beller, M., & Fine, A. (1994). Bohr's response to EPR. In J. Faye & H. J. Folse (Eds.), *Niels Bohr and Contemporary Philosophy* (pp. 1-31). Dordrecht: Kluwer.

[19] Bertlmann, R. A., & Zeilinger, A. (2002). *Quantum [Un] speakables*. Berlin: Springer.

[20] Bethe, H. A., & Salpeter, E. E. (1957). Quantum mechanics of one- and two-electron systems. In *Handbuch der Physik*, (Vol. XXXV, pp. 88-436). Berlin: Springer.

[21] Bohm, D. (1951). *Quantum Theory*. Englewood Cliffs: Prentice-Hall.

[22] Bohm, D. (1952a). A suggested interpretation of the quantum theory in terms of "hidden" variables. Ⅰ. *Physical Review*, *85*, 166-179.

[23] Bohm, D. (1952b). A suggested interpretation of the quantum theory in terms of "hidden" variables. Ⅱ. *Physical Review*, 85, 180-193.

[24] Bohm, D. (1953). Discussion of certain remarks by Einstein on Born's probability interpretation of the ψ-function. In Born (1953), pp. 13-19.

[25] Bohm, D., & Aharonov, Y. (1957). Discussion of experimental proof for the paradox of Einstein, Rosen, and Podolsky. *Physical Review*, *108*, 1070-1076.

[26] Bohr, N. (1928). The quantum postulate and the recent development of atomic theory. *Nature*, *121*, 580-590.

[27] Bohr, N. (1935a). Quantum mechanics and physical reality. *Nature*, *136*, 65.

[28] Bohr, N. (1935b), Can quantum-mechanical description of physical reality be considered complete? *Physical Review*, *48*, 696-702. This paper is reprinted here.

[29] Bohr, N. (1949). Discussion with Einstein on epistemological problems in atomic physics. In Schilpp (1970), pp. 199-241.

[30] Bokulich, A. (2010). Bohr's correspondence principle. In *Stanford Encyclopedia of Philosophy*, available online at http://plato. stanford. edu/entries/bohr-correspondence/ (retrieved: January 2020).

[31] Born, M. (1953). *Scientific Papers Presented to Max Born*. Edinburgh/London: Oliver and Boyd.

[32] Brown, H. R. (1981). O debate Einstein-Bohr sobre a mecânica quântica. *Cadernos de História e Filosofia da Ciência*, 2, 51-89.

[33] Bruß, D. (2002). Characterizing entanglement. *Journal of Mathematical Physics*, *43*, 4237-4251.

[34] Bruß, D. (2003). *Quanteninformation*. Frankfurt am Main: S. Fischer.

[35] Bub, J. (2010). Von Neumann's "no hidden variables" proof: a re-appraisal. *Foundations of Physics*, *40*, 1333-1340.

[36] Busch, P., Lahti, P. J., & Mittelstaedt, P. (1991). *The Quantum Theory of Measurement*. Berlin: Springer.

[37] Busch, P., Lahti, P., & Werner, R. F. (2013). Proof of Heisenberg's error-disturbance relation. *Physical Review Letters*, *111*, article no. 160405. For a detailed critical analysis, see Busch, P., Lahti, P., & Werner, R. F. (2014). *Colloquium*: Quantum root-mean-square error and measurement uncertainty relations. *Review of Modern Physics*, *86*, 1261-1281.

[38] Byrne, P. (2010). *The Many Worlds of Hugh Everett Ⅲ*. Oxford: Oxford University Press.

[39] Camilleri, K. (2009). A history of entanglement: Decoherence and the interpretation problem. *Studies in History and Philosophy of Modern Physics*, *40*, 290-302.

[40] Christensen, B. G., et al. (2013). Detection-loophole-free test of quantum nonlocality, and applications. *Physical Review Letters*, *111*, article no. 130406.

[41] Clauser, J. F., Horne, M. A., Shimony, A., & Holt, R. A. (1969). Proposed experiment to test local hidden-variable theories. *Physical Review Letters*, *23*, 880-884.

[42] Corrêa, R., França Santos, M., Monken, C. H, & Saldanha, P. L. (2015). "Quantum Cheshire Cat" as simple quantum interference. *New Journal of Physics*, *17*, article no. 053042.

[43] D'Ambrosio, V., et al. (2013). Experimental implementation of a Kochen-Specker set of quantum tests. *Physical Review X*, *3*, article no. 011012.

[44] de Broglie(1953a). L'interprétation de la mécanique ondulatoire à l'aide d'ondes à régions singulières. In Born (1953), pp. 21-28.

[45] de Broglie(1953b). *Louis de Broglie-Physicien et Penseur* (Textes réunis par André George). Paris: Albin Michel.

[46] Denkmayr, T., Geppert, H, Sponar, S., Lemmel, H., Matzkin, A., Tollaksen, J., & Hasegawa, Y. (2014). Observation of a quantum Cheshire Cat in a matter-wave interferometer experiment. *Nature Communications*, *5*, article no. 4492.

[47] d'Espagnat, B. (1995). *Veiled Reality. An Analysis of Present-Day Quantum Mechanical Concepts*. Reading: Addison-Wesley.

[48] DeWitt, B. S. (1967). Quantum theory of gravity. I. The canonical theory. *Physical Review*, *160*. 1113-1148.

[49] Dirac, P. A. M. (1958). *The Principles of Quantum Mechanics* (4th ed.). Oxford: Clarendon Press.

[50] Dürr, D. (2001). *Bohmsche Mechanik als Grundlage der Quantenmechanik*. Berlin: Springer.

[51] Einstein, A. (1905). Über einen die Erzeugung und Verwandlung des Lichtes betreffenden heuristischen Gesichtspunkt. *Annalen der Physik*, *17*, 132-148. vierte Folge. English in *The Collected Papers of Albert Einstein*, Volume 2 English

translation supplement, Doc. 14(Princeton: Princeton University Press, 1989).

[52] Einstein, A. (1906). Zur Theorie der Lichterzeugung und Lichtabsorption. *Annalen der Physik*, *20*, 199-206. vierte Folge. English in *The Collected Papers of Albert Einstein*, Volume 2 English translation supplement, Doc. 34 (Princeton: Princeton University Press, 1989).

[53] Einstein, A. (1909). Zum gegenwäirtigen Stand des Strahlungsproblems. *Physikalische Zeitschrift*, *10*, 185-193. English in *The Collected Papers of Albert Einstein*, Volume 2 English translation supplement, Doc. 56 (Princeton: Princeton University Press, 1989).

[54] Einstein, A. (1916). Näherungsweise Integration der Feldgleichungen der Gravitation. *Sitzungs-berichte der königlich-preußischen Akadademie der Wissenschaften zu Berlin*, *Sitzung der physikalisch-mathematischen Klasse*, 688-696. English in *The Collected Papers of Albert Einstein*, Volume 6 English translation supplement, Doc. 32 (Princeton University Press, Princeton, 1996).

[55] Einstein, A. (1925). Quantentheorie des einatomigen idealen Gases. Zweite Abhandlung. *Sitzungsberichte der preußischen Akadademie der Wissenschaften zu Berlin*, *Sitzung der physikalisch-mathematischen Klasse*, 3-14. English in *The Collected Papers of Albert Einstein*, Volume 14 English translation supplement, Doc. 385 (Princeton University Press, Princeton, 1989).

[56] Einstein, A. (1927). Bestimmt Schrödingers Wellenmechanik die Bewegung eines Systems vollständig oder nur im Sinne der Statistik? *Einstein Archives Online*, Archival Call Number 2-100.

[57] Einstein, A. (1936). Physik und Realität. In Einstein (1984), pp. 63-106.

[58] Einstein, A. (1948). Quanten-Mechanik und Wirklichkeit. *Dialectica*, *2*, 320-324. English translation printed in this book, pp. 53-56.

[59] Einstein, A. (1949a). Autobiographical notes. In Schilpp (1970), pp. 1-95.

[60] Einstein, A. (1949b). Remarks concerning the essays brought together in this co-operative volume. In Schilpp (1970), pp. 665-688.

[61] Einstein, A. (1953a). Elementare Überlegungen zur Interpretation der Grundlagen der Quanten-Mechanik. In Born (1953), pp. 33-40.

[62] Einstein, A. (1953b). Einleitende Bemerkungen über Grundbegriffe. In de Broglie (1953b), pp. 13-17.

[63] Einstein, A. (1984). *Aus meinen späten Jahren*. Frankfurt am Main: Ullstein.

[64] Einstein, A., & Rosen, N. (1935). The particle problem in the general theory of relativity. *Physical Review*, *48*, 73-77.

[65] Einstein, A., & Rosen, N. (1936). Two-body problem in general relativity. *Physical Review*, *49*, 404-405.

[66] Einstein, A., & Rosen, N. (1937). Gravitational waves. *Journal of the Franklin Institute*, *223*, 43-54.

[67] Einstein, A., Tolman, R. C., & Podolsky, R. (1931). Knowledge of past and future in quantum mechanics. *Physical Review*, *37*, 780-781.

[68] Einstein, A., Podolsky, B., & Rosen, N. (1935). Can quantum-mechanical description of physical reality be considered complete? *Physical Review*, *47*, 777-780] This paper is reprinted here.

[69] Einstein, A., Born, H., & Born, M. (1986). *Briefwechsel 1916-1955*. Frankfurt am Main: Ullstein.

[70] Erven, C., et al. (2014). Experimental three-photon quantum nonlocality under strict locality conditions. *Nature photonics*, *8*, 292-296.

[71] Esfeld, M. (Ed.). (2012). *Philosophie der Physik*. Berlin: Suhrkamp.

[72] Everett, H. (1957). "Relative state" formulation of quantum mechanics. *Review of Moderm Physics*, *29*, 454-462. Reprinted in Wheeler and Zurek (1983), pp. 315-323.

[73] Fine, A. (1996). *The Shaky Game* (2nd ed.). Chicago/London: The University of Chicago Press.

[74] Föllsing, A. (1998). *Albert Einstein*. New York: Penguin.

[75] Furry, W. H. (1936a). Note on the quantum-mechanical theory of measurement. *Physical review*, *49*, 393-399.

[76] Furry, W. H. (1936b). Remarks on measurements in quantum theory. *Physical Review*, *49*, 476.

[77] Gerlich, S., et al. (2011). Quantum interference of large organic molecules. *Nature Communi-cations*, *2*, article no. 263.

[78] Giulini, D. (2005). "*Es lebe die Unverfrorenheit*!" *Albert Einstein und die Begründung der Quantentheorie*. In H. Hunziker (ed.). *Der jugendliche Einstein und Aarau* (pp. 141-169). Basel: Birkhäuser. A similar version can be found online: arXiv:physics/0512034[physics. hist-ph].

[79] Giustina, M., et al. (2013). Bell violation using entangled photons without the fair-sampling assumption. *Nature*, *497*, 227-230.

[80] Gleason, A. M. (1957). Measures on the closed subspaces of a Hilbert space. *Journal of Mathematics and Mechanics*, *6*, 885-893.

[81] Greenberger, D. M., Horne, M. A., & Zeilinger, A. (1989). Going beyond Bell's theorem. In M. Kafatos (ed.), *Bell's Theorem, Quantum Theory and Conceptions of the Universe* (pp. 69-72). Dordrecht: Kluwer.

[82] Hackermüller, L., Hornberger, K., Brezger, B., Zeilinger, A., & Arndt, M. (2003). Decoherence in a Talbot Lau interferometer: the influence of molecular scattering. *Applied Physics B*, *77*, 781-787.

[83] Hackermüller, L., Hornberger, K., Brezger, B., Zeilinger, A., & Arndt, M. (2004). Decoherence of matter waves by thermal emission of radiation. *Nature*, *427*, 711-714.

[84] Haroche, S. (2014). Controlling photons in a box and exploring the quantum to

classical boundary. *International Journal of Modern Physics A*, *29*, article no. 1430026.

[85] Harris, D. M., Moukhtar, J., Fort, E., Couder, Y., & Bush, J. W. M. (2013). Wavelike statistics from pilot-wave dynamics in a circular corral. *Physical Review E*, 88, article no. 011001(R).

[86] Heisenberg, W. (1927). Über den anschaulichen Inhalt der quantentheoretischen Kinematik und Mechanik. *Zeitschrift für Physik*, *43*, 172-198. Reprinted in Baumann and Sexl (1984).

[87] Heisenberg, W. (1935). Ist eine deterministische Ergänzung der Quantenmechanik möglich? Reprinted in Pauli (1985), pp. 409-418.

[88] Heisenberg, W. (1985). *Der Teil und das Ganze* (Gesammelte Werke, Abteilung C: Allgemeine Schriften). Müinchen: Piper. English: *Physics and Beyond*, translated by Pomerans, A. J. (1971), Harper & Row.

[89] Hermann, G. (1935a). Die naturphilosophischen Grundlagen der Quantenmechanik. *Die Naturwissenschaften*, 42, 718-721.

[90] Hermann, G. (1935b). Die naturphilosophischen Grundlagen der Quantenmechanik. *Abhand-lungen der Fries'schen Schule* (Vol. 6, pp. 69-152). Zweites Heft.

[91] Howard, D. (1990). "Nicht sein kann was nicht sein darf", or the prehistory of EPR, 1909-1935: Einstein's early worries about the quantum mechanics of composite systems. In A. . I. Miller (ed.), *Sixty-Two Years of Uncertainty* (pp. 61-111). New York: Plenum Press.

[92] Huelga, S. F., & Plenio, M. B. (2013). Vibrations, quanta and biology. *Contemporary Physics*, 54, 181-207.

[93] Hylleraas, E. A. (1929). Neue Berechnung der Energie des Heliums im Grundzustande, sowie des tiefsten Terms von Ortho-Helium. *Zeitschrift für Physik*, 54, 347-366.

[94] Hylleraas, E. A. (1931). Über die Elektronenterme des Wasserstoffmoleküls. *Zeitschrift für Physik*, 71, 739-763.

[95] Isham, C. J. (1995). *Lectures on Quantum Theory. Mathematical and Structural Foundations*. London: Imperial College Press.

[96] Iskhakov, T. S., Agafonov, I. N., Chekhova, M. V., & Leuchs, G. (2012). Polarization-entangled light pulses of 10^5 photons. *Physical Review Letters*, *109*, 150502.

[97] Jammer, M. (1966). *The Conceptual Development of Quantum Mechanics*. New York: McGraw-Hill Book Company.

[98] Jammer, M. (1974). *The Philosophy of Quantum Mechanics*. New York: Wiley.

[99] Joos, E. (2002). Dekohärenz und der Übergang von der Quantenphysik zur klassischen Physik. In Audretsch (2002), pp. 169-195.

[100] Joos, E., & Zeh, H. D. (1985). The emergence of classical properties through

interaction with the environment. *Zeitschrift für Physik B*, 59, 223-243.

[101] Joos, E., Zeh, H. D., Kiefer, C, Giulini, D., Kupsch, J., & Stamatescu, I.-O. (2003). *Decoherence and the Appearance of a Classical World in Quantum Theory* (2nd ed.). Berlin: Springer.

[102] Kemble, E. C. (1935). The correlation of wave functions with the states of physical systems. *Physical Review*, 47, 973-974.

[103] Kiefer, C. (2002). *Quantentheorie*. Frankfurt am Main: S. Fischer.

[104] Kiefer, C. (2005). Einstein und die Folgen, Teil Ⅰ. *Physik in unserer Zeit*, *36*, 12-18.

[105] Kiefer, C. (2009). *Der Quantenkosmos. Von der zeitlosen Welt zum expandierenden Universum* (3rd ed.). Frankfurt am Main: S. Fischer, For an article in English, see C. Kiefer (2013), Conceptual problems in quantum gravity and quantum cosmology. *ISRN Mathematical Physics*, *2013*, Article ID 509316; see also arXiv: 1401.3578[gr-qc].

[106] Kiefer, C. (2012). *Quantum Gravity* (3rd ed.). Oxford: Oxford University Press.

[107] Kiefer, C., Polarski, D., Starobinsky, A. A. (1998). Quantum-to-classical transition for fluctua-tions in the early universe. *International Journal of Modern Physics D*, 7, 455-462.

[108] Kochen, S., & Specker, E. P. (1967). The problem of hidden variables in quantum mechanics. *Journal of Mathematics and Mechanics*, 17, 59-87.

[109] Lee, K. C., et al. (2011). Entangling macroscopic diamonds at room temperature. *Science*, *334*, 1253-1256.

[110] Leifer, M. S. (2014). Is the quantum state real? A review of ψ-ontology theorems. Available online: arXiv: 1409.1570[quant-ph]. Published in *Quanta*, 3, 67-155.

[111] Leonhardt, U. (1997). *Measuring the Quantum State of Light*. Cambridge: Cambridge Univer-sity Press.

[112] Lin, C.-H., & Ho, Y. K. (2014). Quantification of entanglement entropy in helium by the Schmidt-Slater decomposition method. *Few Body Systems*, *11*, 1141-1149. Available online: arXiv: 1404.5287[quant-ph].

[113] London, F., & Bauer, E. (1939). *La théorie de l'observation en mécanique quantique*. Paris: Hermann. English translation in Wheeler and Zurek (1983), pp. 217-259.

[114] Madelung, E. (1927). Quantentheorie in hydrodynamischer Form. *Zeitschrift für Physik*, *40*, 322-326.

[115] Maldacena, J., & Susskind, L. (2013). Cool horizons for entangled black holes. *Fortschrite der Physik*, *61*, 781-811.

[116] Matin-Martínez, E., & Menicucci, N. C. (2014). Entanglement in curved spacetimes and cosmology. *Classical and Quantum Gravity*, *31*, article no. 214001.

[117] Maudlin, T. (2014). What Bell did. *Journal of Physics A*, *47*, article no. 424010.

[118] Mott, N. F. (1929). The wave mechanics of α-ray tracks. *Proceedings of the Royal Society A*, *126*, 79-84. Reprinted in Wheeler and Zurek (1983), pp. 129-134. Similar ideas are presented in Heisenberg, W. (1930). *The Physical Principles of Quantum Theory* (Chap. V. 1). University of Chicago Press.

[119] Nielsen, M. A., & Chuang, I. L. (2000). *Quantum Computation and Quantum Information*. Cambridge: Cambridge University Press.

[120] O'Reilly, E. J., & Olaya-Castro, A. (2014). Non-classicality of the molecular vibrations assisting exciton energy transfer at room temperature. *Nature Communications*, *5*, article no. 3012.

[121] Ou, Z. Y., Pereira, S. F., Kimble, H. J., & Peng, K. C. (1992). Realization of the Einstein-Podolsky-Rosen paradox for continuous variables. *Physical Review Letters*, *68*, 3663-3666.

[122] Pais, A. (2005). *Subtle is the lord: The Science and the Life of Albert Einstein* (New edition). Oxford: Oxford University Press.

[123] Palomaki, T. A., Teufel, J. D., Simmonds, R. W., & Lehnert, K. W. (2013). Entangling mechanical motion with microwave fields. *Science*, *342*, 710-713.

[124] Pan, J.-W. et al (2000). Experimental test of quantum nonlocality in three-photon Greenberger-Horne-Zeilinger entanglement. *Nature*, *403*, 515-519.

[125] Pauli, W. (1953). Bemerkungen zum Problem der verborgenen Parameter in der Quanten-mechanik und zur Theorie der Füihrungswelle. In de Broglie (1953b), pp. 26-35.

[126] Pauli, W. (1979a). Einstein's contributions to quantum theory. In Schilpp (1970), pp. 147-160.

[127] Pauli, W. (1979b). In A. Hermann, K. V. Meyenn, & V. F. Weisskopf (Eds.), *Scientific Correspondence with Bohr; Einstein, Heisenberg a. o., Part I: 1919-1929*. New York: Springer.

[128] Pauli, W. (1985). In K. V. Meyenn (Ed.), *Wissenschaftlicher Briefwechsel, Band II: 1930-1939*. New York: Springer.

[129] Pauli, W. (1990). *Die allgemeinen Prinzipien der Wellenmechanik* (Neu herausgegeben und mit historischen Anmerkungen versehen von N. Straumann). Berlin: Springer.

[130] Pauli, W. (1996). In K. V. Meyenn (Ed.), *Wissenschafilicher Briefwechsel, Band IV, Teil I: 1950-1952*. New York: Springer.

[131] Peres, A. (1995). *Quantum Theory: Concepts and Methods*. Dordrecht: Kluwer.

[132] Philbin, T. G. (2014). Derivation of quantum probabilities from deterministic evolution. Avail-able online: arXiv: 1409. 7891v2 [quant-ph]. Published in *International Journal of QuantumFoundations*, 1, 171.

[133] Planck, M. (1900). Zur Theorie des Gesetzes der Energieverteilung im Normalspektrum. *Verhandlungen der Deutschen Physikalischen Gesellschaft*, *2*,

237-245. English in ter-Haar, D. (1967). *The Old Quantum Theory*. Oxford: Pergamon Press.

[134] Rempe, G. (2002). Verschränkte Quantensysteme: Vom Welle-Teilchen-Dualismus zur Einzel-Photonen-Quelle. In Audretsch (2002), pp. 95-118.

[135] Rosen, N. (1931). The normal state of the hydrogen molecule. *Physical Review*, *38*, 2099-2114.

[136] Rosen, N. (1945). On waves and particles. *Journal of the Elisha Mitchel Scientific Society*, *61*, 67-73.

[137] Rosen, N. (1979). Kann man die quantenmechanische Beschreibung der physikalischen Wirk-lichkeit als vollständig betrachten? In P. C. Aichelburg & R. U. Sexl (Eds.), *Albert Einstein. Sein Einfluß auf Physik, Philosophie und Politik* (pp. 59-70). Braunschweig/Wiesbaden: Vieweg.

[138] Rosenfeld, L. (1967). Bohr's Reply. Reprinted in Wheeler and Zurek (1983), pp. 142-143.

[139] Ruark, A. E. (1935). Is the quantum-mechanical description of physical reality complete? *Physical Review*, *48*, 466-467.

[140] Saunders, S. Barrett, J., Kent, A., & Wallace, D. (Eds.). (2010). *Many Worlds? Everett, Quantum Theory, and Reality*. Oxford: Oxford University Press.

[141] Schilpp, P. A. (Ed.). (1970). *Philosopher-Scientist* (3rd ed.). La Salle: Open Court.

[142] Schlosshauer, M. (2007). *Decoherence and the quantum-to-classical transition*. Berlin: Springer. See also: M. Schlosshauer, Quantum Decoherence. *Physics Reports*, *831*, 1-57(2019).

[143] Schlosshauer, M., Kofler, J., & Zeilinger, A. (2013). A snapshot of foundational attitudes toward quantum mechanics. *Studies in the History and Philosophy of Modern Physics*, *44*, 222-230.

[144] Schmidt, L. P. H., et al. (2013). Momentum transfer to a free floating double slit: realization of a thought experiment from the Einstein-Bohr debates. *Physical Review Letters*, *111*, 103201.

[145] Schrödinger, E. (1935a). Discussion of probability relations between separated systems. *Proceedings of the Cambridge Philosophical Society*, *31*, 555-562.

[146] Schrödinger, E. (1935b). Die gegenwärtige Situation in der Quantenmechanik. *Die Natur-wissenschaften*, *23*, 807-812, 824-828, 844-849. English in Trimmer, J. D. (1980). The present situation in quantum mechanics: A translation of Schrödinger's "cat paradox" paper. Proceedings of the American Philosophical Society, 124, 323-338.

[147] Schrödinger, E. (1936). Probability relations between separated systems. *Proceedings of the Cambridge Philosophical Society*, *32*, 446-452.

[148] Scully, M. O. Englert, B.-G., & Walther, H. (1991). Quantum optical tests of

complementarity. *Nature*, *351*, 111-116.

[149] Scully, M. O., & Zubairy, M. S. (1997). *Quantum Optics*. Cambridge: Cambridge University Press.

[150] Shimony, A. (2009). Hidden-variables models of quantum mechanics (noncontextual and contextual). In D. Greenberger, K. Hentschel, & F. Weinert *Compendium of Quantum Physics* (pp. 287-291). Berlin: Springer.

[151] Soler, L. (2009). The convergence of transcendental philosophy and quantum physics: Grete Henry-Hermann's 1935 pioneering proposal. In *Constituting Objectivity: Transcendental Perspectives on Modern Physics. The Western Ontario Series in Philosophy of Science* (Vol. IV, pp. 329-346). Springer, Berlin.

[152] Sommerfeld, A. (1944). *Atombau und Spektrallinien*, Ⅱ. *Band* (2nd ed.). Braunschweig: Vieweg.

[153] Stachel, J. (Ed.). (2001). *Einsteins Annus mirabilis. Fünf Schriften, die die Welt der Physik revolutionierten*. Reinbek: Rowohlt Taschenbuch Verlag.

[154] Straumann, N. (2011). On the first Solvay Congress in 1911. *The European Physical Journal H*, *36*, 379-399.

[155] Tegmark, M. (2000). Importance of quantum decoherence in brain processes. *Physical Review E*, *61*, 4194-4206.

[156] Tolman, R. C., Ehrenfest, P., & Podolsky, B. (1931). On the gravitational field produced by light. *Physical Review*, *37*, 602-615.

[157] Valentini, A., & Westman, H. (2005). Dynamical origin of quantum probabilities. *Proceedings of the Royal Society A*, *461*, 253-272.

[158] von Meyenn, K. (Ed.). (2011). *Eine Entdeckung von ganz außerordentlicher Tragweite. Schrödingers Briefwechsel zur Wellenmechanik und zum Katzenparadoxon* (Two Volumes). Berlin: Springer.

[159] von Neumann, J. (1932). *Mathematische Grundlagen der Quantenmechanik*. Berlin: Springer. English: *Mathematical Foundations of Quantum Mechanics*, Beyer, R. T. (1955) and Wheeler, A. (2018). Princeton University Press.

[160] Wald, R. M. (1986). Correlations and causality in quantum field theory. In R. Penrose & C. J. Isham (Ed.), *Quantum Concepts in Space and Time*. Oxford: Clarendon Press.

[161] Wallace, D. (2012). *The Emergent Multiverse*. Oxford: Oxford University Press.

[162] Weihs, G. (2009). Loopholes in experiments. In D. Greenberger, K. Hentschel, & F. Weinert (Eds.), *Compendium of Quantum Physics* (pp. 348-355). Berlin: Springer.

[163] Weinberg, S. (2012). *Lectures on Quantum Mechanics*. Cambridge: Cambridge University Press.

[164] Wheeler, J. A., & Zurek, W. H. (1983). *Quantum Theory and Measurement*. Princeton: Princeton University Press.

[165] Whitaker, M. A. B. (2004). The EPR paper and Bohr's response: a re-assessment. *Foundations of Physics*, *34*, 1305-1340.

[166] Whitaker, A. (2012). *The New Quantum Age. From Bell 's Theorem to Quantum Computation and Teleportation*. Oxford: Oxford University Press.

[167] Wigner, E. P. (1963). The problem of measurement. *American Journal of Physics*, *31*, 6-15. Reprinted in Wigner (1995), pp. 163-180.

[168] Wigner, E. P. (1967). Remarks on the mind-body question. In: *Symmetries and Reflections* (pp. 171-184). Bloomington: Indiana University Press. Reprinted in Wigner (1995), pp. 247-260.

[169] Wigner, E. P. (1995). *Philosophical Reflections and Syntheses*. Berlin: Springer.

[170] Wineland, D. J. (2014). Superposition, entanglement, and raising Schrödinger's cat. *Interna-tional Journal of Modern Physics A*, *29*, article no. 1430027.

[171] Wittgenstein, L. (1984). *Philosophische Untersuchungen*. Frankfurt am Main: Suhrkamp. English Translation by Anscombe, G. E. M. (2009) *Philosophical Investigations*. Revisedfourth edition by P. M. S. Hacker and J. Schulte.

[172] Xavier University. (1962). *Conference on the Foundations of Quantum Mechanics*. PDF file, retrieved in January 2020 from http://jamesowenweatherall.com/SCPPRG/XavierConf1962Transcript.pdf.

[173] Zeh, H. D. (1970). On the interpretation of measurement in quantum theory. *Foundations of Physics*, *1*, 69-76. Reprinted in Wheeler and Zurek (1983), pp. 342-349.

[174] Zeh, H. D. (1999). why Bohm's quantum theory? *Foundations of Physics Letters*, *12*, 197-200.

[175] Zeh, H. D. (2005). Roots and fruits of decoherence. Online available as arXiv. quant-ph/0512078v2[quant-ph]. Version 1 published in: *Quantum Decoherence*, ed. by B. Duplantier, J.-M. Raimond, & V. Rivasseau (Birkäuser 2006), pp. 151-175.

[176] Zeh, H. D. (2007). *The Physical Basis of the Direction of Time* (5th ed.). Berlin: Springer.

[177] Zeh, H. D. (2010). Quantum discreteness is an illusion. *Foundations of Physics*, *40*, 1476-1493.

[178] Zeh, H. D. (2011). Feynman's quantum theory. *European Physical Journal H*, *36*, 147-158.

[179] Zeh, H. D. (2012). *Physik ohne Realität: Tiefsinn oder Wahnsinn*? Berlin: Springer.

[180] Zeh, H. D. (2013). The strange (hi)story of particles and waves. Available online: arXiv:1304.1003v23[physics.hist-ph]. Version 15 published in *Zeitschrift für Natur-forschung A*, *71*, 195-212.

[181] Zeh, H. D. (2014). John Bell's varying interpretations of quantum mechanics.

Available online: arXiv: 1402. 5498v8 [quant-ph]. Published in: *Quantum Nonlocality and Reality*, ed. by M. Bell& G. Shan (Cambridge University Press 2016), pp. 331-343.

[182] Zurek, W. H. (2003). Decoherence, einselection, and the quantum origins of the classical. *Review of Modern Physics*, 75, 715-775.

[183] Zurek, W. H. (2005). Probabilities from entanglement, Born's rule $p_k = |\psi_k|^2$ from envariance. *Physical Review A*, *71*, article no. 052105.